Coffee And Latte Art Basics
All You Need To Know

Coffee And Latte Art Basics
All You Need To Know

拉花＆花式咖啡
升級版

咖啡新手
的第一本書

從 8 歲～ 88 歲看圖就會煮咖啡　　許逸淳 著

朱雀文化

咖啡
step
by
step

自己煮咖啡，玩拉花

對咖啡產生興趣是學生時代的事了，當時義式咖啡還不頂流行，光從咖啡館菜單上看見維也納咖啡、康寶藍、瑪其雅朵等名詞，完全無法想像，經過服務生的詳細解說，才有了初步的認識。後來因緣際會之下，我進入了咖啡廳工作，才深深了解咖啡世界的迷人與千變萬化。

近年來隨著喝咖啡人口的增加，要買到一杯現煮咖啡的管道愈來愈多，從連鎖咖啡廳、個人咖啡館、便利超商，甚至超市都買得到。卡布其諾、拿鐵咖啡、美式咖啡等也漸漸被大眾熟悉。有些人更試著在經典咖啡上加入創意，製作出許多花式咖啡飲品，讓飲用咖啡多了更多口味變化，也讓原本不喝咖啡的人願意開始嘗試。咖啡香如此迷人，除了到咖啡店裡享受之外，其實在家自己沖煮咖啡也能隨時品嘗。

自己沖煮咖啡並不一定要購買昂貴的器具，只要準備簡單的濾杯和濾紙、摩卡壺或美式咖啡機就可以

了。我在這本書最前面詳細介紹各種器具的烹煮方式，剛踏入咖啡界的新手們，只要按著這些詳細的步驟圖操作，不論是 8 歲的小朋友，還是 88 歲的老太太，有心就能煮出一杯好咖啡。此外，除了口味上的變化，咖啡拉花（Latte Art）也愈來愈受到大家的喜愛。如何將絲綢般的牛奶注入濃縮咖啡中，並產生各種圖案，這需要許多的練習才能完美呈現。

趁著這次書籍改版，我增加了「拉花入門」、「人氣花式咖啡」兩個單元。其中拉花部分，我選了幾個比較基本的圖案，只要加上一些輔助工具就能完成，新手們可多試幾次，熟練後便能發揮自己的創意，做出獨創的 Latte Art，為咖啡生活增添更多樂趣及驚喜！而人氣花式咖啡部分，當新手們已經熟練了沖煮熱咖啡、冷咖啡之後，可以嘗試學習基礎的拉花技巧，讓你的咖啡不僅香醇濃厚，更能營造視覺的享受。

許逸淳

目錄 CONTENTS

Plus 升級版特輯

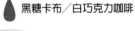

最愛熱咖啡

咖啡
step
by
step

閱讀本書食譜前

1. 本書中食材的量 1c.c. = 1ml，1 小匙＝ 5c.c. 或 5 克，
   1/2 小匙＝ 2.5c.c. 或 2.5 克，1 大匙＝ 15 c.c. 或 15 克。
2. 本書中的牛奶建議使用全脂鮮奶。
3. 本書材料中若單寫糖漿，做法可參見 p.66。
4. 各店販賣的咖啡豆皆有特色，讀者可參見 p.107 自行前往購買。
5. 為求視覺上的美觀，食譜照片中可能增加裝飾物，讀者製作時仍以
   食譜中寫的材料量為主。
6. 材料中的深焙或法式深焙咖啡豆，可參見 p.7。

拉花入門 Basic Latte Art

當客人來訪想招待來客，或者想自己悠閒的品嚐時，如果能在一杯香濃的咖啡做點拉花、畫花或是 3D 立體拉花的變化，不僅賞心悅目，更能品嚐到細緻奶泡的不同風味。對咖啡新手來說，線條構圖簡單的拉花、畫花圖案，最容易成功。以下是我推薦給新手的 7 種拉花與畫花圖案，相信只要勤於練習，很快就能學會。

Basic 1

[愛心圖案 Heart]

做法

1. 咖啡倒入杯中，從距離咖啡表面約 10cm 處，慢慢注入牛奶。

2. 當注入量達六分滿時，將鋼杯位置放低靠近杯子，注入的位置往後移（往自己的方向）並持續注入牛奶。

3. 當產生白色圓形時，稍微將鋼杯往前移動，做出愛心的缺口。

4. 當注入量達九分滿時，將鋼杯往前移至杯子邊緣，此時，注入的牛奶量調小一些，才能做出愛心的尖端。

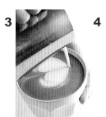

Basic 2

葉子圖案 Leaf

做法

1. 咖啡倒入杯中,從距離咖啡表面約10cm處,慢慢注入牛奶。

2. 當注入量達六分滿時,將鋼杯位置放低靠近杯子,注的位置往前移並持續注入牛奶。

3. 輕輕左右搖晃鋼杯,當線條堆疊出來後,一邊持續搖晃鋼杯,一邊將鋼杯往後移(往自己的方向)。

4. 當注入量達九分滿時,注入的牛奶量調小一些,同時將鋼杯位置拉高,並往前移動至葉子圖案底部即可收掉。

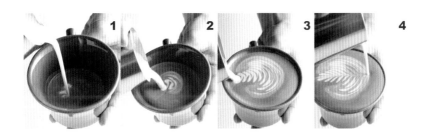

1   2   3   4

Basic 3

[天鵝圖案 Swan]

做法

1. 咖啡倒入杯中,從距離咖啡表面約
   10cm 處,慢慢注入牛奶。

2. 當注入量達六分滿時,將鋼杯位置
   放低靠近杯子,注入的位置往前移,
   做出一個愛心圖案的基底。

3. 當注入量達八分滿時,像寫「2」的筆
   畫移動鋼杯,做出天鵝的脖子。

4. 最後做出一個小圓形後,將注入的牛奶
   量調小,迅速收掉即可。

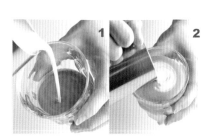

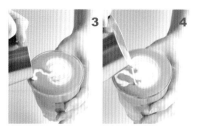

Basic 4

鬱金香圖案 Tulip

做法

1. 咖啡倒入杯中，從距離咖啡表面約 10cm 處，慢慢注入牛奶。

2. 當注入量達六分滿時，將鋼杯位置放低靠近杯子，注入的位置往前移動做出愛心圖案的基底後，將鋼杯提起，暫停注入牛奶。

3. 在基底圖案後方注入牛奶做出第二個圖案，大小比第一個圖案小一些，且鋼杯要盡量靠近咖啡表面。

4. 在第二個圖案後方做出第三個圖案，大小比第二個圖案小一些。

5. 在第三個圖案後方做出最後一個圖案。

6. 最後收尾時，注入的牛奶量調小一些，同時將鋼杯位置拉高並往前移動至圖案的底部即可收掉。

Basic 5

蝴蝶圖案 Butterfly

做法

1. 咖啡倒入杯中，從距離咖啡表面約 10cm 處，慢慢注入牛奶。

2. 當注入量達六分滿時，將鋼杯位置放低靠近杯子，注入的位置往後移（往自己的方向）並持續注入牛奶。

3. 當注入量達九分滿時，稍微將鋼杯移至杯子中心並收掉。

4. 將杯子轉動 180 度。

5. 用竹籤沾取白色奶泡。

6. 將沾滿白色奶泡的竹籤由咖啡色處往白色處畫進來，做出左邊的觸角。

7. 右邊同樣先沾取白色奶泡後再畫出觸角。

8. 從圓形圖案約三分之二處由外往內畫進去，做出蝴蝶的前翅。

9. 右邊也以同樣的方式畫出前翅。

10. 靠近圖案下方由外往內畫進去，做出蝴蝶的後翅。

11. 右邊也以同樣方式畫出後翅即可。

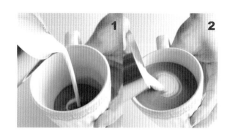

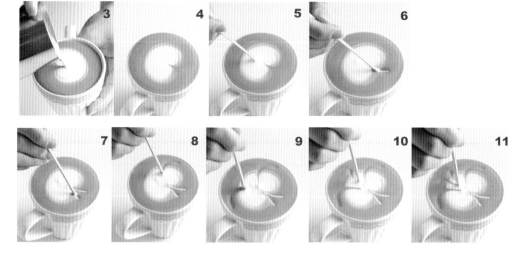

小女孩圖案 Girl

Basic 6

做法

1. 咖啡倒入杯中，從距離咖啡表面約 10cm 處，慢慢注入牛奶。

2. 當注入量達六分滿時，將鋼杯位置放低靠近杯子並持續注入牛奶。

3. 持續注入牛奶至九分滿。

4. 以溫度計或竹籤等尖狀物沾取咖啡色奶泡。

5. 在圖案約三分之二處畫出旁分的瀏海。

6. 再次沾取咖啡色奶泡，畫出另一邊相對稱的瀏海。

7. 同樣沾取咖啡色奶泡，畫出兩個眼睛。

8. 最後，沾取咖啡色奶泡，畫上嘴巴即可。

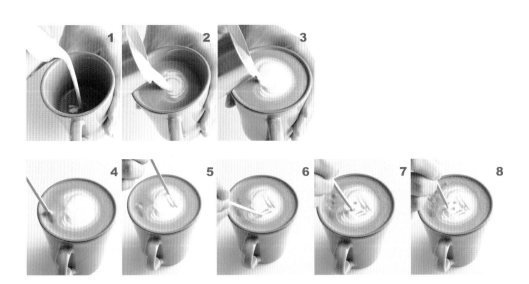

[漩渦圖案 Whirlpool]

Basic 7

做法

1. 咖啡倒入杯中，從距離咖啡表面約10cm處，慢慢注入牛奶。

2. 當注入量達七分滿時，將鋼杯位置放低靠近杯子，並持續注入牛奶做出一個5元硬幣大小的圓形。

3. 以咖啡匙的背面沾取白色奶泡。

4. 湯匙柄以斜切方式，由外往內畫出一條粗線條。

5. 再次沾取白色奶泡，以同樣方式畫出第二條粗線條。

6. 以同樣方式畫出一共六條粗線條。

7. 取溫度計或竹籤等尖狀物，由外往內輕輕地畫圓。

8. 順時鐘方向往內畫圓，直至中間即可。

人氣花式咖啡 Popular Coffee

學會沖煮最基本的冰咖啡、義式濃縮咖啡，新手也能試著變化出花式咖啡。以下 6 道目前市面上受歡迎的冰、熱花式咖啡，工序簡單，能讓新手調製出不輸達人的美味咖啡，更有成就感。

[香橙維也納]
Iced Orange Vienna Coffee

Popolar 1

做法

1. 取一個 300 ～ 330c.c. 的杯子，放入冰塊冰杯，再倒掉冰塊。

2. 以 20g. 咖啡豆沖煮出 150c.c. 的咖啡，隔冰水冷卻。

3. 將橘皮糖漿、鮮奶油放入雪克杯搖至濃稠狀。

4. 將柳橙汁、糖水倒入杯中，放入冰塊。

5. 倒入冰咖啡拌勻，再輕輕倒入橘皮鮮奶油做出分層。

6. 放上橙皮絲即可。

材料

冰咖啡 150c.c.	糖水 15c.c.
橘皮糖漿 15c.c.	冰塊 3~4 個
鮮奶油 30c.c.	橙皮絲少許
柳橙汁 60c.c.	

提拉米蘇咖啡

Iced Tiramisu Coffee

材料

馬斯卡彭牛奶 60c.c.

牛奶 60c.c.

蘭姆酒 10c.c.

糖水 15c.c.

冰塊 3~4 個

義式濃縮咖啡（Espresso）50c.c.

冰奶泡適量

可可粉少許

成功煮咖啡

馬斯卡彭牛奶 DIY：將馬斯卡彭起司：牛奶以 1：1 的比例，隔水加熱至起司融化，放涼冷藏保存。

做法

1. 取一個 220～240c.c. 的杯子，放入冰塊冰杯，再倒掉冰塊。

2. 將馬斯卡彭牛奶、牛奶、蘭姆酒及糖水放入杯中拌勻，放入冰塊。

3. 倒入義式濃縮咖啡（義式濃縮咖啡做法參照 p.15）。

4. 鋪上冰奶泡，表面用篩網撒滿可可粉。

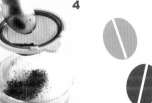

[櫻桃酒摩卡]

Iced Cherry Mocha

Popolar 3

材料

牛奶 170c.c.

櫻桃白蘭地 15c.c.

巧克力醬 15c.c.

冰塊 3~4 個

義式濃縮咖啡（Espresso）50c.c.

冰奶泡適量

可可粉少許

成功煮咖啡

如果不喜歡酒精味，可將櫻桃白蘭地加熱，使酒精揮發，冷卻後再使用。

做法

1. 取一個 280～300c.c. 的杯子，放入冰塊冰杯，再倒掉冰塊。

2. 將牛奶、櫻桃白蘭地及巧克力醬放入杯中拌勻，放入冰塊。

3. 將義式濃縮咖啡倒入杯中（義式濃縮咖啡做法參照 p.15）。

4. 鋪上冰奶泡，表面撒些許可可粉。

蜂蜜肉桂咖啡
Honey Cinnamon Coffee

Popolar 4

材料

義式濃縮咖啡（Espresso）50c.c.

蜂蜜 15c.c.

肉桂粉 1 小撮

牛奶 150c.c.

做法

1. 取一個 220 ～ 240c.c. 的杯子，並溫杯。

2. 將義式濃縮咖啡、蜂蜜倒入杯裡並攪拌均勻（義式濃縮咖啡做法參照 p.15）。

3. 用篩網將肉桂粉均勻地撒在咖啡表面。

4. 將牛奶加熱至 60℃，並打出綿密的奶泡，刮除上層較粗的奶泡（奶泡做法參照 p.24 ～ 25）。

5. 輕輕搖晃鋼杯，將牛奶、奶泡倒入杯內。

成功煮咖啡

義式濃縮咖啡和蜂蜜務必要攪拌均勻，以免喝的時候味道不夠融合。

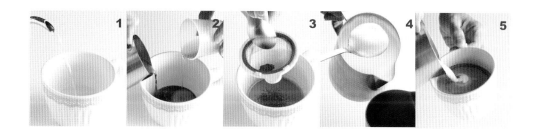

［ 黑糖卡布 ］
Brown Sugar Cappuccino

Popolar 5

材料

義式濃縮咖啡（Espresso）50c.c.

黑糖糖漿 15c.c.

牛奶 150c.c.

黑糖粉適量

做法

1. 取一個 220～240c.c. 的杯子，並溫杯。

2. 將義式濃縮咖啡、黑糖糖漿倒入杯裡並攪拌均勻（義式濃縮咖啡做法參照 p.15）。

3. 將牛奶加熱至 60℃，並打出綿密的奶泡，刮除上層較粗的奶泡（奶泡做法參照 p.24～25）。

4. 輕輕搖晃鋼杯，將牛奶、奶泡倒入杯內。

5. 用篩網將黑糖粉撒在奶泡上面。

成功煮咖啡

黑糖糖漿 DIY：將黑糖粉：水以 2：1 的比例倒入鍋中，邊煮邊攪拌使黑糖顆粒溶化，煮滾後轉為小火，再煮 1 分鐘關火即可。

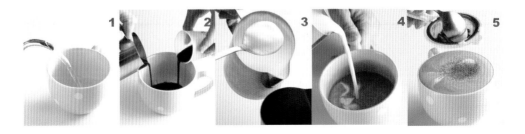

[白巧克力咖啡]

White Chocolate Coffee

Popolar 6

材料

白巧克力醬 45c.c.

義式濃縮咖啡（Espresso）50c.c.

牛奶 250c.c.

做法

1. 取一個 350 ～ 380c.c. 的杯子，並溫杯。

2. 將白巧克力醬倒入杯裡。

3. 將義式濃縮咖啡倒入杯裡，與白巧克力醬攪拌均勻（義式濃縮咖啡做法參照 p.15）。

4. 將牛奶加熱至 60℃，並打出綿密的奶泡，刮除上層較粗的奶泡（奶泡做法參照 p.24 ～ 25）。

5. 輕輕搖晃鋼杯，將牛奶、奶泡倒入杯內。

成功煮咖啡

白巧克力醬 DIY：將白巧克力：鮮奶油以 1：2 的比例倒入鍋中，隔水加熱至白巧克力融化，再稍微攪拌均勻即可。

1   2   3   4   5

新手必知咖啡10大Q&A

Q：咖啡新手如何第一次就能成功購買咖啡豆？

A：喝慣三合一即溶咖啡的新手們，也想跨出自己沖煮的第一步，首先，你必須備妥器具（參見p.10～18），前往住家附近的咖啡連鎖店或咖啡店，決定想買的咖啡豆（參見p.8、9），決定購買數量，一般多以半磅為佳，約225克一包，再來就是請店家幫你研磨咖啡豆（參見p.27），這樣你就可以成功的買到咖啡豆了。

Q：咖啡新手應用哪種沖煮器具？

A：從器具價錢及使用困難度來看，新手們的入門器具是濾紙、法式濾壓壺及摩卡壺。這三種器具的價錢較便宜，操作方法也較簡單，是最不容易失敗的沖煮器具（做法參照p.10、11、13）。

Q：到底我該如何選擇購買咖啡豆？

A：由於口味因人而異，除了向身旁的咖啡達人們請教外，你可以參考一下本書p.8、9的認識咖啡豆，先試找出自己喜愛的口味喝喝看。另外，咖啡豆的新鮮也很重要，購買時可觀察咖啡豆子表面是否充滿光澤，深度烘焙的豆子油脂是否平均的分布在表面，若表面沒有光則或者油脂分配不均勻，就表示已經不新鮮了。

Q：我該去哪些地方買咖啡豆和器具？

A：可以先到家裡附近的咖啡廳、真鍋咖啡等咖啡連鎖店去詢問購買，當然一些大賣場也會有賣，不過比較缺少可供詢問的對象，並非咖啡新手們的最佳選擇。另可參照本書p.107。

Q：目前市售最受歡迎的咖啡豆有哪些？

A：除了向店家、達人們詢問外，有些咖啡連鎖店的暢銷產品，像星巴克佛羅那綜合咖啡、星巴克蘇門達臘、星巴克家常、IS COFFEE夏威夷可娜豆等，或者到有商譽店家購買像巴西豆、曼特寧豆、哥倫比亞豆、摩卡豆或曼巴豆等，都是不錯的選擇。

Q：咖啡新手第一次該買多少的量呢？

A：通常建議一次可購買半磅，約225克裝成一包的份量，約可以喝20次。如果一次買太多，又不能在短時間內喝完，咖啡粉恐有變質的危險，所以不要一次買太多來囤放。

Q：咖啡粉該如何保存呢？

A：買回來後可以裝在可密封的玻璃罐中，存放在不潮濕的陰暗通風處，因為光、空氣和水分都會影響咖啡粉品質，記得不能存放在冰箱裡。要盡量快一點喝完，否則很容易走味。

Q：如何煮一杯好喝的熱咖啡？

A：先選擇鮮的咖啡豆，再看你所準備好的器具來搭配合適的研磨粗細咖啡粉（參見p.26），否則煮出的咖啡可能會萃取過度顯得苦澀，或是萃取不足而顯得風味平淡無奇。這裡有個大原則，若咖啡粉在水中的沖煮時間越久，研磨程度就越粗，反之則越細，自己可多加嘗試。至於水，建議用一般家用的濾水器過濾後的水，還帶點礦物質。此外水溫方面，一般來說烘培程度越深的豆子適合較低的溫度沖煮，烘培程

度越淺的豆子適合較高的溫度沖煮，合適的水溫約在85℃～95℃，所以滾燙的熱水是不適合拿來沖煮咖啡的，最好放置一下使其稍微降溫後再使用。

Q：如何煮一杯好喝的冰咖啡？

A：介紹兩種冰咖啡的製作法，都可在短時間內使咖啡冷卻，新手們可依需求選擇。若只想單喝冰咖啡，沖泡時，可將咖啡粉份量增加為兩倍，水量減少1/3，以萃取出較濃的咖啡，然後準備一個裝滿冰塊的杯子，將剛煮好的咖啡全部倒入，攪拌幾下即可，飲用時可酌量加入糖漿或冰塊。另一種做法是沖泡時咖啡粉量及水量可維持原來的用量，將煮好的咖啡

倒入像鋼杯這類金屬容器中，隔冰水冷卻，且要一邊攪拌容器中的咖啡，除了能加快冷卻，攪拌時所產生的泡沫更能將咖啡中不好的味道帶出，飲用時將表面的泡沫撈掉，咖啡沒有被稀釋，還可用來做花式咖啡。

Q：喝咖啡適合加什麼糖？

A：真正會喝咖啡的人是不加糖和奶的，因為品質好的咖啡不加糖就很好喝了，但對於喝不習慣的人，加少許的糖能使咖啡較易入口。最好選擇溶化迅速的糖，如白砂糖、方糖、咖啡糖（Rock Sugar，比其他的糖價格高，是以白砂糖、黑砂糖製成，甜度高而不帶酸味，使留在舌頭上的甜味更持久），而黃糖、紅糖本身具香味，有些人認為會影響咖啡的味道不適合加入咖啡，也有人覺得能增加香氣，所以該選什麼糖還是看個人喜好，但記得不可加過量。

烘焙咖啡豆有哪些種類和特色？

烘焙的程度大致可分為淺烘焙、中度烘培及深度烘焙三階段。一般來說，淺焙豆香氣及酸味較明顯，質感較輕盈，適合作為單品咖啡。深焙豆酸味減少、苦味增加，焦香味被凸顯出來，質感也較厚重。另可再細分成八個階段，咖啡新手可參照下表，瞭解其特性。

種類	特色	用途	程度
淺烘焙（light roasted）	呈黃褐色，咖啡的風味和香氣都未發揮出來	不適合拿來飲用，測試用	極輕度
肉桂烘焙呈現肉桂色（cinnamon roasted）	純喝的單品咖啡，尤其美式咖啡	製作美式咖啡	輕度
中烘焙（medium roasted）	呈茶褐色，除還保有酸味，開始出現苦味	適用於混合咖啡	中度
中深烘焙（high roasted）	呈現紅褐色	適合酸味和苦味平衡的豆子，如藍山咖啡	中度微深
城市烘焙（city roasted）	呈現深褐色，苦味較酸味明顯	適合哥倫比亞、巴西的咖啡	中度深
深城市烘焙（full-city roasted）	呈現深褐色，表面出油	適合製做冰咖啡	微深度
法式烘焙（French roasted）	呈現黑褐色，表面油亮，	苦味強烈，口感厚重適合加了牛奶的花式咖啡	深度
義式烘焙（Italian roasted）	接近黑色，表面油亮	大多拿來做義式濃縮咖啡	重深度

新手必知咖啡豆的分法

店裡琳瑯滿目的咖啡豆，大都來自世界各地，若依品種或地區來分，則可分為以下幾個種類，了解他們的口味和特色，更有助於讀者選購，沖泡出好喝的咖啡。

依品種區分

阿拉比卡種（Arabica）：阿拉比卡種的豆子在全世界咖啡市場佔有率約為2/3，適合生長在高原，年均溫在15～25℃，且須有充足的雨水，其品質較佳且風味及香氣都較豐富。

羅布斯塔種（Robusta）：適應力較強，不僅抗蟲害抗病能力強，在貧瘠的平地就可栽種，但其苦味重，風味及香氣都較貧乏，加上咖啡因含量較高，通常只用來做即溶咖啡或混入綜合咖啡豆裡。

依產地區分

印尼：
國人最熟悉的曼特寧咖啡就是產自於印尼蘇門答臘的中西部，曼特寧的質感厚重（較濃稠）、酸度低，帶有草藥氣息，回甘可在喉間停留許久，深受台灣人的喜愛。此外，蘇拉維西出產的咖啡豆，與蘇門答臘的曼特寧很類似，但酸度較曼特寧略高，都帶有草藥氣息，最有名的產區是托拿加。

印度：
印度咖啡豆質感厚重、酸度低，香氣濃郁並帶有些許香料氣息，與蘇門答臘和蘇拉維西相似，只是質感略輕了點，價格也較便宜。印度主要的咖啡產區在南部的喀拿達卡省（Karnataka），舊名麥索（Mysore），因此常以「麥索豆」來稱呼。

夏威夷：
可娜豆產自夏威夷的可娜島（Kona），是美國唯一產咖啡豆的州。雖然地處亞洲，但可娜豆的質感不似印尼那般厚重，反而比較像中美洲的咖啡豆，酸度高、香氣濃郁，平均水準高。目前市面上有出現以綜合咖啡豆調配出的「綜合可娜豆」。

巴西：
是全球最大的咖啡生產國家，其咖啡豆口感平衡、質感中等、酸度低，沒有特別凸出的滋味，但由於油脂含量豐富，所以一直是調配義式濃縮咖啡（Espresso）綜合豆不可或缺的角色，能為Espresso帶來豐厚的克立瑪（Crema）。巴西豆常見的山多士（Santos）指的是巴西最大的咖啡出口港口，所以標上山多士（Santos）的豆子，是來自巴西國內任一產區，最有名的產區則是Minas省的席拉多（Cerrado）。

哥倫比亞：
曾是僅次於巴西的咖啡生產國，品質較巴西優秀，質感厚重、香味不錯、酸度較巴西高。由於他帶有焦糖似的甘味，適合用來調配綜合咖啡豆。此外，是以咖啡豆的大小來分級，所以看到Supremo（頂級）、Extra（特優級）或Excelso（特高級）的標示，是指咖啡豆的大小，和品質並沒有一定關係。

哥斯大黎加：
哥斯大黎加咖啡豆是被許多美食家推崇的「完全咖啡」，整體表現相當協調平衡，質感濃郁，酸度適中，並帶著水果香，喝完後喉中會有咖啡的甘甜味

且停留許久。但除了一些頂級的咖啡豆外，一般的豆子沒什麼特色，必須多多嘗試才能找到自己喜歡的味道。

瓜地馬拉：
瓜地馬拉咖啡豆質感厚重、層次豐富、酸度強，最有名的是安堤瓜（Antigua）產的。由於地處火山地形山坡上，天然有機肥料、高海拔的溫差大及充足的日照，得以產出細膩、層次豐富的咖啡豆，其「煙燻味」更吸引不少咖啡迷！

墨西哥：
墨西哥咖啡豆酸味強，但質感上則較為輕薄、香氣不錯，純淨單薄的口感還蠻適合剛學喝咖啡的人嘗試。著名的咖啡產區有夸迪佩（Coatepec）、瓦利卡（Oaxaca）、恰巴斯，咖啡豆品質較穩定。

牙買加：
著名的藍山咖啡就是出自於牙買加，藍山咖啡豆原是指某幾個莊園出產的咖啡豆，後來只要是位在藍山山區的莊園，其咖啡樹種及處理程序合乎標準，就可稱為「藍山」。好的藍山咖啡豆，質感中等、香氣豐富，有著奶油及堅果般的香味，酸度適中，且入口後會有水果的甘甜味在喉間停留。至於牙買加其他產地的咖啡豆，口感、酸度較溫和，品質、香氣也較普通。

葉門：
摩卡本來是葉門早期重要的咖啡出口港，所以葉門的咖啡豆通常被稱為「摩卡」豆。葉門生產的咖啡

豆大小不一，雖然生豆常常會混雜著玉米、石頭等雜質，但品質卻非常好。葉門咖啡的質感厚實，有如紅酒般酸度高，酸味是令人愉悅的紅酒酸，層次豐富並帶有巧克力的香味，所以後來也把加了巧克力的咖啡飲品稱為「摩卡」。

衣索比亞：
衣索比亞的咖啡豆品質高、風味豐富，其中西達莫內的耶加雪啡（Yirgacheffe）所產的最負盛名。另外，產自東部哈拉（Harrar）的咖啡豆則質感中等，和葉門摩卡相似，有獨特的紅酒香氣。

肯亞：

肯亞的咖啡豆主要產在肯亞山附近，以豆子大小來分級，最大粒的為AA+，其次為AA、AB，但豆子大小和品質、產地並沒有關係，品質算是世界一流。肯亞咖啡豆的質感中等，酸度強、香氣豐富，入喉後香氣仍充滿在口中，但因酸度強勁，不喜歡酸味的人較難以接受。

坦尚尼亞：
坦尚尼亞的咖啡豆同樣是以豆子大小來分級，分成AA級和A級。品質好的坦尚尼亞豆和肯亞豆類似，質感中等，酸度雖強但比肯亞豆稍微溫和，還帶有水果清爽的香氣。

各式沖煮器介紹及用法

[濾紙沖泡式]

咖啡豆：15～20克，依個人口味調整濃淡。

研磨粗細：中度～中粗度研磨。

水量：92～95℃的熱水180～200c.c.，完成量為150c.c.

所需器具：濾杯、濾壺、濾紙、手沖壺。

價錢：塑膠濾杯約150～200元，陶瓷濾杯200～300元。濾
　　　紙（40片入）約70～100元。

成功煮咖啡

1． 注水時水量要穩定且連續，但也不要太用力沖下
　　去，剛開始可能會斷斷續續或水量忽大忽小，必須
　　多練習幾次才會熟練，注水器的壺口要選擇較細的
　　比較容易掌握水流量。

2． 濾紙有分白色和土黃色的兩種，差別在於有無經過
　　漂白處理，使用上無太大差異。

做法

1． 咖啡濾壺放入熱水溫壺。

2． 將濾紙底部接合處折起，再將側邊接合
　　處以反方向折起。

3． 將濾紙放入濾杯並貼合。

4． 將咖啡濾壺內的熱水倒入咖啡杯溫杯，
　　並將濾杯放上咖啡濾壺。

5． 將研磨好的咖啡粉放入濾紙並輕輕將表
　　面敲平。

6． 將熱水由中心點緩緩以順時針方向往外
　　繞圈，至濾杯開始滴下咖啡時停止。

7． 靜置30秒進行悶蒸。

8． 進行第二次注水，和第一次一樣從中心
　　點以順時針方向往外繞圈，繞至濾紙處
　　時再同樣以順時針方向繞回來。

9． 等滴下的咖啡達到所需的量時，即可將
　　濾杯移走，不必讓濾杯內的水全部滴
　　完，否則，咖啡粉浸泡過久會萃取過
　　度，將不好的味道帶下去。

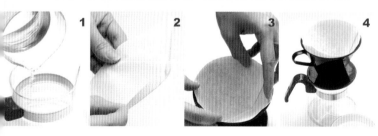

[摩卡壺]

咖啡豆：14～20克，依個人口味及摩卡壺大小調整粉量。

研磨粗細：細度～極細度研磨。

水量：視個人想要的濃度調整水量，但不可超過洩壓閥。

所需器具：摩卡壺（上壺、下壺、粉盛器）、瓦斯燈或爐。

價格：700元以上，依材質和容量價錢有所差異。

成功煮咖啡

1. 摩卡壺的沖煮原理比較類似塞風壺，利用下壺的水加熱後的蒸氣壓力將水向上推，經過放了咖啡粉的濾器，最後把萃取出的咖啡推至上壺，和塞風壺不同的是，上壺的咖啡不會再流下去，直接停留在上壺。此外，雖然也是用蒸氣壓力來萃取咖啡，但壓力不如義式濃縮咖啡機來得大，因此萃取出的油脂及口感不如義式濃縮咖啡，但同份量的咖啡粉量配上較少的水所煮出的咖啡還是比一般煮法來得濃郁。

2. 將咖啡粉放入濾器時，只要將表面弄平即可，不必填壓，以免萃取過度。

3. 用完摩卡壺時，需等到壺身已冷卻，再拆開來清洗，否則洩壓閥容易彈性疲乏。

做法

1. 將水加入下壺，再次提醒水量不可超過洩壓閥。

2. 將咖啡粉放入粉盛器，並將表面弄平，不必填壓。

3. 將濾器放到下壺。

4. 旋緊上壺與下壺，放在瓦斯爐上，開火，火焰只要均勻受熱就好，不要超過壺身。

5. 待水溫夠熱時，咖啡就會經由金屬管於上壺中慢慢流出。

6. 當聽到蒸氣的嘶嘶聲時即可關火，然後直接倒出足量的咖啡即可。

洩壓閥

粉盛器

各式沖煮器介紹及用法

[塞風壺]

咖啡豆：20～25克，依個人口味調整濃淡。

研磨粗細：中度～中細度研磨。

水量：180c.c.，完成量為150c.c.。

所需器具：塞風壺（上壺、下壺、壺架、過濾器）、攪拌匙、瓦斯燈、計時器、濕布。

價錢：600～2,000元，依材質和容量價錢有所差異。

成功煮咖啡

1. 剛開始若不敢搖晃塞風壺，可用攪拌匙以繞圈的方式攪拌2～3圈。

2. 沖煮的時間只是參考的依據，可配合嗅覺來決定。咖啡粉剛放入時的味道會有些生生、澀澀的感覺，之後會慢慢釋放出香氣，到達巔峰時，會突然散去，此時，就是關火的時間點。剛開始可能無法體會氣味的差異，但若多加練習，必能體會其中的微妙變化。

3. 煮完後的塞風壺，除了清洗外，濾布要取下用熱水煮過並浸泡在乾淨的水中，若不是每天使用，則可和清水一起放入冰箱保存，千萬不能讓濾布處於乾燥的環境下。

做法

1. 將水放入下壺，以中大火加熱，若下壺外有水珠，記得要先擦乾。

2. 將過濾器的鏈子通過上壺底部的管子並拉出，用鉤子鉤住管子。

3. 將上壺裝上並輕壓，確認已安裝完成。

4. 待下壺的水上升到上壺時，將火轉小，用攪拌匙按壓濾布，確認是否密合。

5. 待上壺的水穩定不再上升後，倒入咖啡粉，開始計時。

6. 咖啡粉倒入後，馬上用攪拌匙寬的那面按壓咖啡粉，並輕輕地前後來回攪拌，確認咖啡粉沒有結塊，並讓每個粉末都有接觸到熱水。

7. 約55秒～1分鐘時，搖晃整個塞風壺2～3圈，讓壺裡的咖啡均勻，之後立即關火，並用濕布包住下壺，使上壺的咖啡盡速下降，再將上壺取下，即可將下壺的咖啡倒出。

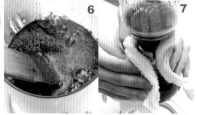

法式濾壓壺

咖啡豆：15～20克，依個人口味調整濃淡。

研磨粗細：粗度～中粗度研磨。

水量：92～95℃的熱水180c.c.，完成量為150c.c.

所需器具：法式濾壓壺、攪拌匙、手沖壺、計時器。

價錢：350～800元，依材質和容量價錢有所差異。

成功煮咖啡

1. 不喜歡喝到咖啡粉末的話，在倒咖啡時，不要全部倒完，留下底部的咖啡，可減少倒出的咖啡粉末。

2. 法式濾壓壺由於沒有經過濾紙或濾布的過濾，因此沖煮出來的咖啡能保持咖啡的油脂，使口感更濃郁，若想自己做卡布奇諾或拿鐵咖啡卻沒有義式咖啡機時，可用法式濾壓壺來製作。

3. 在購買法式濾壓壺時，要注意濾網的孔是否夠細，以及濾網的邊緣和杯壁是否能密合，若濾孔不夠細或濾網和杯壁的空間太大，會使更多的咖啡粉跑到濾網上，影響咖啡的口感。

做法

1. 先另準備一些熱水倒入濾壓壺溫壺，之後將壺裡熱水倒入咖啡杯溫杯。

2. 將研磨好的咖啡粉倒入濾壓壺裡。

3. 倒入熱水後開始計時。

4. 靜置1分鐘後，用攪拌匙寬的那面將咖啡粉輕輕按壓至水中，再慢慢前後來回攪拌，確認每個粉末都有接觸到熱水。

5. 蓋上蓋子，慢慢將濾網壓下至底後即可。

各式沖煮器介紹及用法

[美式咖啡機]

咖啡豆：15～20克，依個人口味及摩卡壺大小調整粉量。

研磨粗細：中度研磨。

水量：180c.c.、完成量約160c.c.

所需器具：美式咖啡機（濾紙、濾杯、濾壺）

價錢：1,500～3,000元，依材質和容量價錢有所差異。

做法

1. 將濾紙以不同方向往內折起後，放入濾杯並貼合濾杯邊緣。

2. 加入約200c.c.的水，打開開關先空煮一次以熱機。

3. 將濾杯扣上濾壺，先不放咖啡粉，等水煮完後，把水倒掉，然後將咖啡粉放入濾杯，輕敲表面使其平整。

4. 在咖啡粉中間弄個凹洞。

5. 將濾杯扣上濾壺，安裝到咖啡機上。然後將水倒入水箱，並打開開關，待水煮完，壺裡的咖啡已經達到所需的量時，就抽出咖啡壺，捨棄未流完的咖啡，以免萃取過度，將不好的味道帶下去。

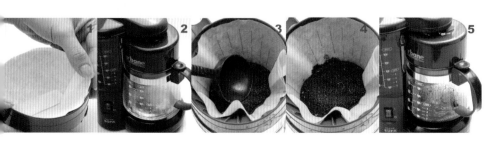

義式咖啡機

咖啡豆：20克

研磨粗細：極細度研磨。剛開始若流速太快可調細些，反之就磨
　　　　　粗一些，多試幾次即可找出合適的粗細。

完成量：60c.c.（約2杯）

所需器具：義式咖啡機（填壓器、濾器、濾器把手）

價錢：3,000元以上，依家庭或營業用價錢有所差異。

做法

1. 先將濾器把手拿掉濾器鎖上，並開啓開關放掉前面過熱的水，理想的水溫度約90～94℃。

2. 將研磨好的咖啡粉放入濾器內。

3. 將咖啡粉表面抹平。

4. 用填壓器進行填壓，避免咖啡粉表面受力不均，造成表面傾斜或咖啡餅密度不均。

5. 用填壓器輕敲濾器側面，使邊緣的咖啡粉掉落。

6. 進行第二次填壓，力道要比第一次強，並左右轉動填壓器，使咖啡餅表面平整。

7. 輕輕放入濾器。

8. 將濾器把手鎖上沖煮頭，並在濾器把手下放小杯子接取咖啡。

9. 按下沖煮開關，當流出的咖啡量達到所需的量即可將杯子移走，或者直接關掉沖煮開關。

器把手　濾器　　填壓器

成功煮咖啡

撥好咖啡粉後，得利用填壓器進行填壓，是為讓粉間的空氣跑出。

各式沖煮器介紹及用法

[法蘭絨]

咖啡豆：15～20克，依個人口味調整濃淡。

研磨粗細：中度～中粗度研磨。

水量：92～95℃的熱水180c.c.～200c.c.，完成量為150c.c.

所需器具：法蘭絨、濾壺、手沖壺。

價錢：600～1,200元，依容量價錢有所差異。

成功煮咖啡

1. 新買來的法蘭絨表面上會有漿附著在上面，必須用熱水和咖啡粉煮過一次，清洗過後再使用，以免影響咖啡的味道。此外，用完法蘭絨後，除了清洗外，也要用熱水煮過，浸泡在乾淨的水中，若不是每天使用，則可和清水一起放入冰箱保存，千萬不能讓法蘭絨處於乾燥的環境下。

2. 燜蒸的動作是要讓咖啡豆的味道更完整地萃取出來，燜蒸的時間和次數並沒有一定，要看咖啡豆研磨的粗細及注水量的大小來加以調整。

做法

1. 濾壺先放入熱水溫壺。

2. 將清洗過的法蘭絨擠去水分。

3. 放入研磨好的咖啡粉，並輕敲法蘭絨，使表面平整。

4. 將濾壺內的水倒進咖啡杯來溫杯（重倒熱水來溫杯也行），將法蘭絨移至濾壺上。

5. 將熱水由中心點緩緩以順時針方向往外繞圈，當開始滴下咖啡時停止，靜置30秒進行燜蒸。

6. 進行第二次注水，和第一次一樣從中心點以順時針方向往外繞圈，當表面膨脹時停止，靜置30秒進行第二次燜蒸。

7. 進行第三次注水，一樣從中心點以順時針方向往外繞圈，繞至邊緣處時再同樣以順時針方向繞回來，等滴下的咖啡達到所需的量時，即可將法蘭絨移走，不必讓法蘭絨內的水全部滴完，否則，咖啡粉浸泡過久會萃取過度，將不好的味道帶下去。

[那不勒斯壺]

咖啡豆：15～20克，依個人口味及摩卡壺大小調整粉量。

研磨粗細：中度～中粗度研磨。

水量：180c.c.，完成量為150c.c.。

所需器具：那不勒斯壺（上杯、粉盛、粉盛蓋、下杯、手
把）、瓦斯爐、乾布。

價錢：1,500元以上，依容量價錢有所差異。

做法

1. 將水倒入無壺嘴的下壺，不要超過杯緣的透氣孔，放在瓦斯爐上加熱。

2. 將研磨好的咖啡粉放入粉盛內，把表面弄平後，將沾在周圍的咖啡粉擦乾淨，然後蓋上粉盛蓋旋密。

3. 當下壺的水煮沸後，使其稍微冷卻，將填好咖啡粉的粉盛放入上壺，小心拴上下壺並旋緊。將組合好的壺身上下反轉，讓原來下壺的水（現為上壺）慢慢流入咖啡粉，等咖啡滴濾3～4分鐘後即可打開倒出咖啡。

各式沖煮器介紹及用法

[土耳其壺]

咖啡豆：15～20克、糖適量。

研磨粗細：極細度研磨。

水量：180 c.c.，完成量為150c.c.。

所需器具：土耳其壺、瓦斯爐、乾布。

價錢：1,200元以上，依材質和容量價錢有所差異。

做法

1. 將咖啡粉、熱水和糖倒入土耳其壺中。
2. 將土耳其壺放在爐上加熱。
3. 等壺中的熱水煮沸出現泡泡時，馬上將咖啡壺移開，稍微靜置數秒，等壺中的泡泡消失了，再把咖啡壺放到爐上繼續加熱，重複這個動作三次。
4. 熄火後再稍微放一下，然後倒入杯中。

成功煮咖啡

利用土耳其壺煮出的咖啡略帶濃稠，喝入口中還會喝到濃細的粉，千萬別將其拿來過濾，這正是土耳其咖啡的特色。若不喜歡這種口感，可先放置一下，待咖粉沉澱後再飲用。

[越南式滴濾杯]

咖啡豆：15～20克，依個人口味調整濃淡、煉乳適量。

研磨粗細：粗度～中粗度研磨。

水量：180c.c.，完成量為150c.c.。

水溫：92℃～95℃

所需器具：越南式滴濾杯（濾杯托架、濾杯、濾網）、手沖壺、咖啡杯。

價錢：約150元

做法

1. 咖啡杯溫杯後，將濾杯托架及濾杯放上。放入研磨好的咖啡粉，輕敲濾杯使咖啡粉表面平整後放上濾網。
2. 將熱水慢慢以畫圓方式注入，當水蓋過咖啡粉時即停止，並靜置30秒。進行第二次注水，同樣以畫圓方式注入可加至八分滿，當濾杯內的水快滴完時再注水下去。當滴濾出的咖啡達到所需的量時，及可移開滴濾杯。

成功煮咖啡

1. 傳統的越南咖啡會加入煉乳來飲用，可先在杯子裡放入適量煉乳，咖啡滴完後再攪拌飲用。
2. 如果要喝冰的，咖啡粉的量可增加，將煉乳和咖啡先攪拌均勻後，直接倒入已加了冰塊的杯子中。

認識其他器具

除了沖煮咖啡的壺具，還得認識一些相關的小器具，

幫助你成功製作本書中的咖啡、甜點。

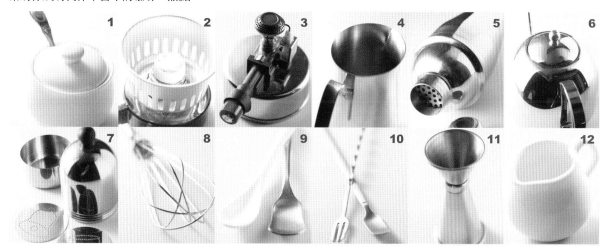

1.糖罐（Sugar）

盛裝細砂糖粉的容器。

2.酒精燈（Spirit Lamp）

加熱用，比小瓦斯爐來得方便、安全。

3.瓦斯燈（Gas Lamp）

加熱用，火力比酒精燈大，也可自己控制火力大小。

4.奶泡壺（Milk Jug）

利用蒸氣製作奶泡時的奶泡盛裝壺。

5.雪克杯（Shaker）

可以用來混勻各種液體材料的器具。

6.手沖壺（Teapot）

壺口極細的盛裝熱水器具。

7.撒粉器

有多種圖形變化，將粉由撒粉器撒出，可使奶泡上出

現漂亮圖案。

8.攪拌器（Mixer）

用來攪打食材，使更均勻的器具。

9.湯匙（Spoon）

舀取東西的器具。

10.吧叉匙、長柄湯匙（Bar Spoon）

一端為長柄湯匙，一端為叉形，中間是螺旋狀，可舀

取或叉取東西。

11.盎司杯（Jigger、Measure）

量取液體份量的金屬杯。一般常見的是1oz和11/2oz

份量的。

12.奶盅（Milk Jar）

盛裝牛奶的器具。

認識材料

調製本書中所介紹的咖啡和點心時，除了咖啡豆外，還有以下這些材料需準備，你可以先決定想做什麼，再好好研究一下材料。

←焦糖糖漿（Caramel Syrup）
如水般的質感，是一種液體狀的調味糖漿，沒有焦糖醬那麼黏稠，多用來調製飲料，像調咖啡時可增加咖啡的香味。

←玫瑰糖漿（Rose Syrup）
呈淡淡紅色，帶有玫瑰花味道的液體狀的調味糖漿，多用來調製飲料或搭配冰淇淋、甜點一起吃。

←香草糖漿（Vanilla Syrup）
香草口味的液體狀的調味糖漿，適和用在調製咖啡、奶茶、冰砂和花式調酒等各式飲品。

←覆盆莓糖漿
（Raspberry Syrup）
帶點酸甜味的液體狀的調味糖漿，適和用在調製咖啡、奶茶、冰砂和花式調酒等各式飲品。

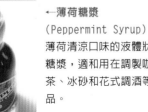

←薄荷糖漿
（Peppermint Syrup）
薄荷清涼口味的液體狀的調味糖漿，適和用在調製咖啡、奶茶、冰砂和花式調酒等各式飲品。

←鮮奶（Milk）
味道香純濃滑的液體牛奶，可打奶泡或製作點心。

←豆漿（Soy Milk）
以黃豆製造而成的營養飲料，有加糖的可單喝，無糖的更有營養，而且可以搭配咖啡喝。

←柳橙汁（Orange Juice）
以新鮮柳橙加上些許糖製作而成的果汁，可用於調酒、咖啡等。

←氣泡礦泉水
（Sparking Water）
含有天然礦物鹽的氣泡礦泉水，可用來調酒、咖啡或單獨飲用。

←威士忌（Whisky）
以大麥釀造的酒，有許多種類，一般常見為蘇格蘭威士忌、愛爾蘭威士忌等，可以單喝、加冰塊喝，或者拿來調酒或飲料。

←卡魯哇咖啡香甜酒
(Kahlúa Liqueur)
香甜酒。帶有咖啡的香味，
適合添加在咖啡、鮮奶等飲
料中增加風味，也可以用來
做布丁、慕斯等甜點。

←椰子香甜酒
(Coconut Liqueur)
香甜酒。帶有椰子味的甜
酒，多做花式調酒，也可以
調咖啡飲品。

←杏桃香甜酒 (Apricot)
香甜酒。帶有杏仁核果香氣
的甜味酒，可用來製作甜
點、調酒和其他飲品。

←貝里詩奶酒
(Bailey's IIrish Cream)
是以愛爾蘭威士忌和新鮮牛
奶製成的奶油製作的，有奶
香味和甜味，可製作花式調
酒、調飲料。

←紅酒 (Red Wine)
利用紅葡萄釀製而成的酒，
除了可以單喝，還可以調製
咖啡、製作花式調酒、甜
點，或者搭配起司一起吃。

←君度橙酒 (Cointreau)
是種包含了水果甜味和橘皮
香交錯的酒，適合做點心或
花式調酒、咖啡。

←黑麥啤酒 (Stout)
剛喝時有黑麥苦味，喝完後
有焦糖的甘甜味和麥芽的香
氣。可以調咖啡或與其他酒
混合。

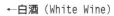

←白酒 (White Wine)
以去了外皮的葡萄釀成的酒，
較無澀味，除可製作甜點、調
飲料外，還可以搭配海鮮、魚
類、家禽類來烹調。

←蘭姆酒 (Rum)
味道清淡無甜味的酒，可用
以製作花式咖啡、調製雞尾
酒、製作點心。

←伏特加 (Vodka)
一種俄羅斯酒，純伏特加是
透明無色且無香味的酒，濃
度不太高，可用來調酒或其
他飲品，亦可單喝。

21

←液態鮮奶油
(Whipping Cream)
有植物性和動物性兩種，植物
性的因含糖打發時較穩定，不
適合加熱（見圖）。而動物性
的打發時要加糖才能穩定，也
較耐熱。

←柑橘果醬 (Orange Jam)
以柳丁、橘子或檸檬等為原
料，再加入糖、蒟蒻粉或葛粉
等製作而成的酸甜味道果醬，
有的還吃得到果粒，用途廣。

←巧可力醬
(Chocolate Syrup)
液狀、濃稠的巧克力，純度頗
高，可用來做甜點、飲料或塗
抹麵包等。

←花生醬 (Peanut Butter)
以純花生製成，有的市售產品
還含有顆粒，吃起來口感更
佳，可以拿來塗抹麵包或入
菜。

←蜂蜜 (Honey)
液體狀糖蜜，是蜜蜂將採來的
花蜜加工後貯存在巢房內即
成。天然的蜂蜜本身具有甜
度，帶有香氣，用途極廣。

←煉乳 (Condensed Milk)
淡淡乳白色的乳製品，甜度高
且濃稠，用途及廣，需要加糖
的地方都可以使用。

←果糖球 (Sugar)
液態的糖漿，可拿來與飲品
搭配，因為是液體狀，用途
極廣。

←肉桂棒 (Cinnamon Roll)
香料的一種，有濃郁的香
氣，可用於甜點和咖啡，磨
成粉則可以做咖哩料理。

←巧克力餅乾
(Chocolate Cookies)
市售的巧克力口味餅乾，可
單吃，壓碎後可製作甜點。

←棉花糖 (MarshMellow)
甜口味，一碰到液體就會變
軟的零食，可單吃或搭配飲
料、甜點食用。

←巧克力卷
(Chocolate Roll)
淡淡巧克力口味的薄片捲餅
乾，搭配冰淇淋或咖啡一起
食用很對味。

←巧克力碎片 (Chocolate)
將巧克力磚以刀或專用刨刀
削成薄片狀，可作為裝飾甜
點用。

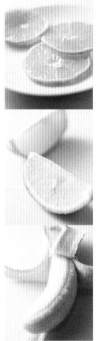

←柳橙片（Orange）
將整的顆柳橙切成片，多用
在飲料、甜點的裝飾。

←檸檬（Lemon）
極酸且帶有淡淡香氣的水
果，果皮有青綠或黃色兩
種，果汁可拿來調飲料或製
作點心、入菜，用途及廣。

←香蕉（Banana）
外皮為黃色，果肉熟時可生
吃，有自然的甜味，吃多亦
有飽足感，用來做點心料很
合適。

←薄荷葉（Mint）
帶清涼香氣的植物，主要食
用部位在莖和葉子，可用在
烹調、泡茶或製作甜點時的
裝飾。

←細砂糖（Castor Sugar）
含甜度，用途最廣的調味料
之一，顆粒較細且呈白色。

←巧克力粉
（Chocolate Powder）
以純黑巧克力製成的粉狀巧
克力，不含糖和奶粉，多用
來製作或裝飾甜點。

←綠茶粉
（Green Tea Powder）
以新鮮的茶菁製成的綠色乾燥
粉末，除用來製作甜點或裝
飾，多將其泡成飲品食用。

←現磨黑胡椒粒
（Black Pepper）
以未剝除黑色外皮的胡椒磨成
的粗顆粒，具有強烈辛香的香
料，尤其現磨的香氣更重，多
用來做烹調時的調味。

←肉豆蔻粉（Nutmeg Powder）
一種常見、香氣極為濃郁的香
料植物，磨成粉後少量使用在
烹調食物上，更可增添食物的
香氣。

←黑芝麻粉（Sesame Powder）
將黑色芝麻研磨後的粉狀物，
有濃郁的香氣，可加在牛奶裡
或入菜。

←杏仁粉（Almond Powder）
將杏仁果研磨後的粉狀物，帶
有獨特的香氣，可用於製作甜
點，調飲料等。

←咖啡冰砂粉
（Coffee Sorbet Powder）
以咖啡粉、糖和海藻抽出物等
製成，只要將冰砂粉加入牛
奶、冰塊，再以冰砂機攪打即
可做出美味冰砂。

製作奶泡

一般製作奶泡有兩種方法，分別是以奶泡壺及蒸氣製作，
奶泡壺價錢較便宜又易入手，最適合新手們使用。

[以奶泡壺製作奶泡]

做法

1. 將牛奶倒入奶泡壺，但不要超過奶泡壺的一半，因為在製作過程中牛奶
   體積會變大，若放太多會溢出。

2. 將奶泡壺（不含蓋子及濾網）移至瓦斯爐上加熱到60～65℃，不要超過
   70℃，因為溫度過高乳脂肪被分解過多，就不易打出奶泡。

3. 將蓋子及濾網蓋上，快速上下抽動濾網，將空氣打入牛奶中，因為目的
   是要把空氣打入牛奶中，所以只需在牛奶表面移動即可，不需整個壓到
   底。當往下壓時需要更用力時，即可停止，大約上下抽動20次。

4. 移走濾網及蓋子，並將打好的奶泡靜置1分鐘左右，讓奶泡固定。

5. 用湯匙把表面較粗糙的奶泡刮出，下面細緻的奶泡就可使用。

以蒸氣製作奶泡

做法

1. 將約5℃的冰牛奶倒入鋼杯，不要超過鋼杯的一半，因為製作過程牛奶體積會變大，若放太多會溢出，之後放入溫度計。

2. 將蒸氣管打開2～3秒，讓管子內的水氣排出。

3. 將蒸氣管斜插入牛奶內，讓蒸氣孔都埋在牛奶裡後，把蒸氣開關打開。

4. 慢慢將鋼杯往下移，但記住別讓蒸氣孔露出表面，否則牛奶會飛濺出來，這階段是要打出大量的奶泡，但結構較粗糙，當位置正確時會發出「吱吱吱」的聲音，此階段須在30℃以下完成。

5. 接著將鋼杯稍微往上移（也就是讓蒸氣孔往下埋），讓牛奶呈同一方向的漩渦狀，此時是將**做法4**的粗奶泡打成綿密狀，而此時發出的聲音為「嘶嘶嘶」，當溫度慢慢上升到55～60℃時，關閉蒸氣開關

6. 將蒸氣管移出，用濕布擦拭乾淨後，再打開蒸氣開關2～3秒，讓殘留在管內的牛奶排出。

7. 用湯匙把表面較粗糙的奶泡刮出，刮至下面細緻的奶泡時就可使用。

製作打發鮮奶油

製作好的打發鮮奶油除了可製作花式咖啡，也可以拿來做蛋糕點心，例如拿來做蛋糕抹面。

做法

1. 將從冰箱冷藏室中取出的液態鮮奶油拿出，將需要的量倒入鋼盆，拿圓球網狀攪拌器打發至鮮奶油呈光滑雪白。

2. 繼續打發至紋路更明顯，倒勾起可尖挺，外形仍呈光滑雪白。

研磨咖啡豆

烘培好的咖啡豆必須磨成粉末狀才能開始沖泡,這就是研磨。研磨的程度可細分為粗、中粗、中度、細、極細研磨等五種,而研磨的程度是依照不同咖啡沖煮器具來決定的,若搭配的不好,就無法將咖啡的風味及香氣展現出來。由於研磨好的咖啡粉與空氣的接觸面積增加,氧化速度加快,風味及香氣會消失的很快,因此,最好是在沖煮前才研磨所需的量,這樣每次都能喝到完整風味的咖啡。

嘗試自己研磨咖啡豆前,你必須先想到自己慣用哪種咖啡沖煮器具,以下的「咖啡沖煮器具與研磨表」,將有助於剛學習的你做出正確的選擇!

咖啡沖煮器具與研磨表

研磨程度	適合器具
1.粗研磨	法式濾壓壺、那不勒斯壺、越南式滴濾杯。
2.中粗研磨	濾紙沖泡式、法蘭絨。
3.中度研磨	濾紙沖泡式、法蘭絨、塞風壺、美式咖啡機。
4.細研磨	塞風壺、摩卡壺。
5.極細研磨	摩卡壺、義式咖啡機、土耳其壺。

1.粗研磨　2.中粗研磨　3.中度研磨　4.細研磨　5.極細研磨

最愛 熱咖啡
hot coffee

空氣中的咖啡香氣總讓人振奮心神，
不論你是獨愛單品咖啡，還是執著於花式咖啡，
一杯咖啡，陪你度過四季寒暑。

卡布其諾。

[Cappuccino]

材料

義式濃縮咖啡（Espresso）30c.c.

牛奶150c.c.

做法

1. 取一個150～180c.c.的杯子，並溫杯。

2. 將義式濃縮咖啡倒入杯內（義式濃縮咖啡做法參照p.15）。

3. 將牛奶加熱至60～70℃，並打出綿密的奶泡，刮除上層較粗的奶泡（奶泡做法參照p.24～25）。

4. 輕輕搖晃鋼杯，將牛奶、奶泡倒入杯內。

成功煮咖啡

1. 有關拿鐵咖啡中牛奶、奶泡和咖啡的比例，有人說2/4牛奶，1/4奶泡，1/4咖啡，也有4/6牛奶、1/6奶泡、1/6咖啡等的說法，可依自己喜愛的口感來調整比例。

2. 可加入自己喜愛的糖漿（果露），例如常見的糖漿（果露）、榛果糖漿（果露），約加入15～20c.c.，就成了受歡迎的調味拿鐵咖啡。

[Caffé Latte]

拿鐵咖啡

材料

義式濃縮咖啡（Espresso）30c.c.

牛奶240c.c.

做法

1. 取一個250～300c.c.的杯子，並溫杯。

2. 將義式濃縮咖啡倒入杯內（義式濃縮咖啡做法參照p.15）。

3. 將牛奶加熱至60～70℃，並打出綿密的奶泡，刮除上層較
   粗的奶泡（奶泡做法參照p.24～25）。

4. 輕輕搖晃鋼杯，將牛奶、奶泡倒入杯內。

咖啡
step
by
step

[Caffé Mocha]

摩卡咖啡

1 2 3 4 5

材料

義式濃縮咖啡（Espresso）30c.c.、

牛奶240c.c.

巧克力醬15c.c.、

巧克力醬（裝飾用）適量

做法

1. 取一個250～300c.c.的杯子，並溫杯。

2. 將義式濃縮咖啡、巧克力醬倒入杯裡並攪拌均勻（義式濃縮咖啡做法參照p.15）。

3. 將牛奶加熱至60～70℃，並打出綿密的奶泡，刮除上層較粗的奶泡（奶泡做法參照p.24～25）。

4. 輕輕搖晃鋼杯，將牛奶、奶泡倒入杯內。

5. 淋上裝飾用的巧克力醬。

成功煮咖啡

1. 這裡使用的是賀喜巧克力醬，可以到超市或便利商店買。

2. 另一種做法是將巧克力醬加到牛奶中再加熱，然後直接倒入已注入義式濃縮咖啡的杯中。

咖啡
step
by
step

歐蕾咖啡

[Caffé au lait]

材料

咖啡（建議使用法式烘焙咖啡豆）120c.c.
牛奶120c.c.

做法

1. 取一個250c.c.的杯子，並溫杯。

2. 將牛奶加熱至60～70℃，不必打出奶泡。

3. 將咖啡倒入另一個鋼杯（咖啡煮法參照p.10～18）。

4. 一手拿咖啡，一手拿熱牛奶，同時以相同速度倒入杯中。

成功煮咖啡

1. 由於牛奶使用的量和咖啡相同，建議咖啡可以沖濃一點，以免味道都被牛奶蓋過。

2. 若無法兩手同時進行倒牛奶和咖啡的動作時，分兩次倒也可以。

3. 法式烘焙咖啡豆的風味比較單純，不帶酸性，有些微的焦炭風味，購買時可向店家詢問。

瑪其雅朵

[Caffé Macchiato]

材料

義式濃縮咖啡（Espresso）30c.c.
奶泡適量

做法

1. 取一個約70c.c.容量的一個義式濃縮咖啡的杯子，並溫杯。

2. 將義式濃縮咖啡倒入杯中（義式濃縮咖啡做法參照p.15）。

3. 將打好的奶泡鋪在義式濃縮咖啡上（奶泡做法參照p.24～25）。

成功煮咖啡

1. 這道瑪其雅朵是傳統的做法，許多人會將它和焦糖瑪其朵搞混，由於加了少許奶泡使濃烈的義式濃縮咖啡變柔順些，對於想要嘗試義式濃縮咖啡又怕過於刺激的人，不妨先嘗試這道。

2. 義式濃縮咖啡杯容量約為70c.c.，由於義式濃縮咖啡的味道易因為溫度的變化而改變，最好選擇保溫效果較好的厚重材質杯子，而且杯底形狀要較杯口窄，才能減少溫度對義式濃縮咖啡味道的影響。

康寶藍

[Espresso con Panna]

材料

義式濃縮咖啡（Espresso）30c.c.

打發鮮奶油適量

做法

1. 取一個約70c.c.容量的義式濃縮咖啡杯，並溫杯。

2. 將義式濃縮咖啡倒入杯內（義式濃縮咖啡做法參照p.15）。

3. 將打發鮮奶油擠在義式濃縮咖啡上（打發鮮奶油做法參照p.26）。

成功煮咖啡

1. 喝康寶藍時記得不要攪拌，直接入口，就能強烈感受咖啡的甘苦和鮮奶油的甜味。

2. 義式濃縮咖啡杯除用一般杯外，也可選用透明材質，能清楚看到黑白分明的層次。

咖啡
step
by
step

42

成功煮咖啡

1. 若使用烘焙程度較淺的咖啡豆，煮出的咖啡可能帶有酸味，遇上鮮奶油會使鮮奶油結塊，味道也較不搭。而深焙咖啡豆煮出的咖啡通常苦味較重，搭上鮮奶油能使味道變得柔和順口。

2. 愛爾蘭威士忌也可用蘇格蘭威士忌代替。

咖啡
step
by
step

[Irish coffee]

愛爾蘭咖啡

材料

咖啡（建議使用深焙咖啡豆）120c.c.

愛爾蘭威士忌20c.c.

打發鮮奶油適量

巧克力碎片適量

做法

1. 取一個250c.c.的杯子，並溫杯。

2. 將剛煮好的咖啡、愛爾蘭威士忌倒入杯內（咖啡煮法參照 p.10～18）。

3. 將打發鮮奶油擠在咖啡上（打發鮮奶油做法參照p.26）。

4. 將巧克力碎片灑在鮮奶油上。

43

咖啡
step
by
step

棉花糖咖啡

[Marshmallow Coffee]

| 1 | 2 | 3 | 4 | 5 |

材料

咖啡（建議使用深焙咖啡豆）120c.c.

牛奶120c.c.

棉花糖適量

巧克力醬（裝飾用）適量

做法

1. 取一個250～300c.c.的杯子，並溫杯。

2. 將剛煮好的咖啡倒入杯內（咖啡煮法參照p.10～18）。

3. 將牛奶加熱至60～70℃，並打出綿密的奶泡，刮除上層較粗的奶泡（奶泡做法參照p.24～25）。

4. 輕輕搖晃鋼杯，將牛奶、奶泡倒入杯內。

5. 放上棉花糖後，淋上巧克力醬裝飾。

成功煮咖啡

1. 喜歡鮮奶油的人，可將奶泡改成打發鮮奶油，更能品嚐到鮮奶油的美味。

2. 棉花糖加入咖啡後會漸漸溶化，使咖啡的甜度增加，所以不另外加糖，以免喝到最後會過甜。

咖啡
step
by
step

維也納咖啡

[Vienna Coffee]

1   2   3

材料

咖啡（建議使用深焙咖啡豆）150c.c.
打發鮮奶油適量

做法

1. 取一個150～180c.c.的杯子，並溫杯。

2. 將煮好的咖啡倒入杯內（咖啡煮法參照p.10～18）。

3. 將打發鮮奶擠在咖啡上（打發鮮奶油做法參照p.26）。

成功煮咖啡

飲用時可先試著不攪開
鮮奶油，同時感受又冰
又熱的口感，再把鮮奶
油攪開飲用，品嘗兩種
不同的喝法。

成功煮咖啡

1. 綠茶粉可以用抹茶粉代替，此外，攪拌綠茶粉時不宜用過熱的水，否則會把綠茶的苦澀味帶出。

2. 若沒有香草糖漿，用砂糖取代即可。

[Green Tea Coffee]

綠茶咖啡

材料

義式濃縮咖啡（Espresso）30c.c.

牛奶240c.c.

綠茶粉1小匙

溫水少許

香草糖漿15c.c.

做法

1．取一個250～300c.c.的杯子，並溫杯。

2．將綠茶粉放入杯中，並用約65℃的溫水攪拌均勻。

3．將義式濃縮咖啡、香草糖漿倒入杯內（義式濃縮咖啡
做法參照p.15）。

4．將牛奶加熱至60～70℃，並打出綿密的奶泡，刮除上
層較粗的奶泡（奶泡做法參照p.24～25）。

5．輕輕搖晃鋼杯，將牛奶、奶泡倒入杯內。

咖啡
step
by
step

豆奶咖啡

[Soy Milk Coffee]

材料

義式濃縮咖啡（Espresso）30c.c.

無糖豆奶240c.c.

芝麻粉少許

做法

1. 取一個250～300c.c.的杯子，並溫杯。

2. 將義式濃縮咖啡倒入杯內（義式濃縮咖啡做法參照p.15）。

3. 將豆奶加熱至60～70℃，並打出綿密的奶泡，刮除上層較粗的奶泡（奶泡做法參照p.24～25）。

4. 輕輕搖晃鋼杯，將豆奶泡倒入杯內。

5. 撒些芝麻粉。

成功煮咖啡

1. 對牛奶過敏的人也可以飲用這杯豆奶咖啡，而選用無糖的豆奶，才可再依個人口味加入適量的糖。

2. 撒入芝麻粉前，可先將芝麻粉過篩後再撒入，芝麻粉才不會結塊，影響成品的外觀且吃到顆粒。

香料咖啡

[Spice Coffee]

材料

咖啡（建議使用深焙咖啡豆）120c.c.

肉荳蔻粉少許

現磨胡椒粒少許

肉桂棒1小段

做法

1. 取一個150c.c.的杯子，並溫杯。

2. 將剛煮好的咖啡倒入杯內（咖啡煮法參照p.10～18）。

3. 放入肉荳蔻粉、現磨胡椒粒和肉桂棒。

成功煮咖啡

1. 如果沒有現磨胡椒粒，可以改用粗黑胡椒，肉桂棒也可以改用肉桂粉來取代。

2. 這道香料咖啡特別適合在天冷時飲用，喝了身體會漸漸暖和起來，暫時忘卻寒冷。

成功煮咖啡

1. 在做法2.中的牛奶若加熱過頭溫度太高，蛋黃放入後會產生結塊，所以要小心別加熱過頭。
2. 加入蛋黃的咖啡牛奶可在早餐時飲用，在享受美味外，也能提供養分。

[York Coffee]

約克咖啡

材料

咖啡（建議使用深焙咖啡豆）120c.c.

鮮奶120c.c.

細砂糖1小匙

蛋黃1個

做法

1. 取一個250～300c.c.的杯子，並溫杯。

2. 將煮好的咖啡、牛奶和細砂糖放入鍋中，以小火加熱至細砂糖融化即可關火，不必煮到沸騰。

3. 加入蛋黃，並且立即用打蛋器攪拌均勻。

4. 攪打至有泡沫時即可倒入杯中。

咖啡
step
by
step

紅酒咖啡。

[Red Wine Coffee]

材料

咖啡（建議使用深焙咖啡豆）150c.c.

紅酒100c.c.

肉桂棒1支

糖適量

做法

1. 取一個250c.c.的杯子，並溫杯。

2. 將剛煮好的咖啡倒入杯內（咖啡煮法參照p.10～18）。

3. 鍋中倒入紅酒、肉桂棒和糖，加熱至約90℃。

4. 將熱好的紅酒汁液倒入杯中。

成功煮咖啡

1. 加熱紅酒時，若沒有溫度計，可以觀察鍋中的紅酒，當紅酒開始有小泡沫出現時，就可以關火了。

2. 建議使用清爽淡雅口味的紅酒，像法國薄酒萊新酒，這種紅酒不含太多單寧，喝起來較順口加上散發出的柔順果香味，能為咖啡增添香氣，不會太搶味道。

杏仁咖啡

[Almond Coffee]

成功煮咖啡
杏仁粉在使用前需
先以篩網過篩，才
不會結成塊，不易
攪拌均勻。

材料

咖啡（建議使用深焙咖啡豆）120c.c.

杏仁粉1大匙

牛奶120c.c.

杏桃酒15c.c.

杏仁粉（裝飾用）適量

做法

1. 取一個250～300c.c.的杯子，並溫杯。

2. 放入杏仁粉、杏桃酒，將剛煮好的咖啡一邊倒入杯裡一邊攪拌（咖啡煮法參照p.10～18）。

3. 將牛奶加熱至60～70℃，並打出綿密的奶泡，刮除上層較粗的奶泡（奶泡做法參照p.24～25）。

4. 輕輕搖晃鋼杯，將牛奶、奶泡倒入杯內。

5. 撒入杏仁粉裝飾。

黑芝麻咖啡

[Seasame Coffee]

材料

咖啡（建議使用深焙咖啡豆）120c.c.

黑芝麻粉1大匙

牛奶120c.c.

糖漿15c.c.

做法

1. 取一個250～300c.c.的杯子，並溫杯。

2. 放入黑芝麻粉、糖漿，將剛煮好的咖啡一邊倒入杯裡一邊攪拌（咖啡煮法參照p.10～18）。

3. 將牛奶加熱至60～70℃，並打出綿密的奶泡，刮除上層較粗的奶泡（奶泡做法參照p.24～25）。

4. 輕輕搖晃鋼杯，將牛奶、奶泡倒入杯內。

5. 撒些黑芝麻粉。

成功煮咖啡

1. 黑芝麻粉盡量選擇細一點的，喝起來的口感會較柔順。

2. 這道咖啡的另一種做法是將黑芝麻粉加到牛奶中加熱，然後直接倒入已注入義式濃縮咖啡的杯中。

俄式咖啡。

[Russian Coffee]

材料

咖啡（建議使用中焙咖啡豆）150c.c.

柑橘果醬適量

奶精適量

做法

1. 取一個150～180c.c.的杯子，並溫杯。

2. 將剛煮好的咖啡倒入杯內（咖啡煮法參照p.10～18）。

3. 倒入放入柑橘果醬攪拌均勻。

4. 倒入奶精。

成功煮咖啡

1. 可以先喝喝看只加入果醬的咖啡，再酌量加入奶精，品嚐兩種不同的味道。
2. 也可嘗試使用不同口味的果醬，找出自己最喜歡的味道。

61

咖啡
step
by
step

咖啡
牙買加

[Jamaica Coffee]

材料

咖啡（建議使用深焙咖啡豆）120c.c.
咖啡香甜酒20c.c.
蘭姆酒15c.c.
糖適量、打發鮮奶油適量
肉荳蔻粉少許

做法

1. 取一個150～180c.c.的杯子，並溫杯。

2. 倒入咖啡香甜酒、蘭姆酒和糖，並攪拌至糖溶解。

3. 將剛煮好的咖啡倒入杯內（咖啡煮法參照p.10～18）。

4. 將打發鮮奶擠在咖啡上（打發鮮奶油做法參照p.26）。

5. 撒上少許肉荳蔻粉。

狂戀 冰咖啡
Ice Coffee

炎熱的夏天就該來杯透心涼的冰咖啡、
咖啡冰砂，搭配上最愛的冰淇淋、
巧克力餅乾或柳橙片，每個夏天都是咖啡天！

成功煮咖啡

1. 柳橙汁可以買市面上瓶裝的，也可使用現搾的。
2. 這裡用的冰咖啡可選用較不苦的綜合咖啡豆，與柳橙汁的味道較搭。
3. 糖漿的做法是將果糖和水以1:1混合均勻，或是將白砂糖和水以1:1煮至糖完全溶解，然後放涼再使用，用不完的可放入冰箱中冷藏保存。

[Iced Orange Coffee]

橙汁冰咖啡

材料

冰咖啡120c.c.

柳橙汁150c.c.

糖漿30c.c.

冰塊適量、柳橙片（裝飾用）適量

做法

1 . 取一個約300c.c.的杯子。

2 . 倒入柳橙汁和糖漿，並充份攪拌均勻。

3 . 倒入冰咖啡（冰咖啡做法參照p.7）。

4 . 放上柳橙片。

冰美式咖啡

[Iced American Coffee]

材料

冰咖啡200c.c.

糖漿30c.c.

冰塊適量

做法

1. 取一個約300c.c的杯子，將冰塊放入杯中。
2. 將冰咖啡、糖漿和冰塊放入雪克杯內充分搖晃（冰咖啡做法參照p.7）。
3. 將搖好的咖啡倒入杯內，雪克杯中的冰塊不必倒出。

成功煮咖啡

1. 雪克杯（shaker）又叫搖酒器，一般在製作調酒時常用到，可以分為頂蓋、過濾器和壺體三個部分。

2. 手邊若沒有雪克杯，也可把材料都放入杯中攪拌均勻，只是使用雪克杯搖晃所產生的泡沫能將咖啡中不好的味道帶出。

義式咖啡冰淇淋

[Ice Cream Espresso]

材料

義式濃縮咖啡（Espresso）30c.c.

香草冰淇淋2球

巧克力醬少許

做法

1. 將香草冰淇淋放入杯內。

2. 將剛煮好的義式濃縮咖啡淋在冰淇淋上（義式濃縮咖啡做法參照p.15）。

3. 淋上少許巧克力醬。

1. 香草冰淇淋可用瑞士巧克力或巧克力口味的，巧克力醬也可改成焦糖醬。

2. 香草冰淇淋慢慢與咖啡融合，義式冰咖啡的口味不再單調，喝起來帶有香草奶味。

咖啡

step
by
step

冰黑啤酒咖啡
[Iced Beer Coffee]

材料

義式濃縮咖啡（Espresso）30c.c.

牛奶240c.c.

巧克力醬15c.c.

巧克力醬（裝飾用）適量

做法

1. 取一個約300c.c.的杯子，放入冰塊。

2. 將冰咖啡倒入杯中（冰咖啡做法參照p.7）。

3. 將黑麥啤酒倒入。

成功煮咖啡

1. 雖然對喜歡喝黑麥啤酒的人是種享受，但若覺得味道太苦，可酌量加入糖漿來調味。

2. 若喜歡較清爽的味道，可將黑麥啤酒換成一般的啤酒。

冰歐蕾咖啡

[iced Caffé au lait]

材料

冰咖啡（建議使用法式烘焙咖啡豆）120c.c.

牛奶120c.c.

糖漿30c.c.

做法

1. 取一個約300c.c.的杯子，放入冰塊。

2. 將牛奶和糖漿倒入杯內，並攪拌均勻。

3. 取一支吧叉匙或長柄的湯匙，將冰咖啡沿著吧叉匙緩緩流入杯中做
   出漸層（冰咖啡做法參照p.7）。

成功煮咖啡

1. 吧叉匙在製作調酒時常
   使用到，它的一端是長
   柄匙，另一端則是叉
   形，中間是螺旋狀，大
   多用來叉取或攪拌，如
   果不想特別買，也可以
   使用單純的長柄湯匙。

2. 若只有牛奶加咖啡不易
   做出漸層，而加了糖漿
   後的牛奶比重增加，較
   易做出漸層的效果。此
   外，將冰咖啡沿著吧叉
   匙流入咖啡杯時，動作
   要輕緩，千萬不可將冰
   咖啡一次大量倒入，才
   能做出漂亮的漸層色。

咖啡
step
by
step

覆盆莓 煉乳咖啡

[Raspberry Coffee]

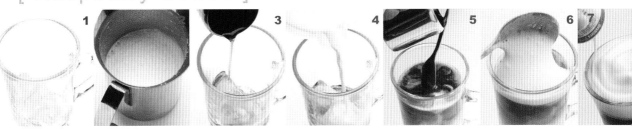

材料

義式濃縮咖啡（Espresso）60c.c.

牛奶150c.c.

覆盆莓糖漿30c.c.

煉乳30c.c.

牛奶（奶泡用）適量

冰塊適量

做法

1. 取一個約300c.c.的杯子，放入冰塊。

2. 將奶泡用的牛奶放入奶泡壺打出奶泡後，將蓋子拿起，靜置一會兒使奶泡固定（奶泡做法參照p.24～25）。

3. 將覆盆莓糖漿倒入杯中。

4. 將牛奶慢慢倒入杯中，不要攪拌。

5. 取一支吧叉匙或長柄的湯匙，將義式濃縮咖啡沿著吧叉匙緩緩流入杯中做出漸層（義式濃縮咖啡做法參照p.15）。

6. 刮除奶泡上層的粗奶泡，將細緻的奶泡舖入杯中。

7. 淋上煉乳。

成功煮咖啡

1. 覆盆莓糖漿口味甜中帶酸，與義式濃縮咖啡搭配，可以品嚐到另一種滋味。

2. 如果不喜歡喝太甜，最後只要加入1大匙煉乳，或者斟酌煉乳的量即可。

咖啡
step
by
step

玫瑰泡泡
漂浮咖啡

[Rose Coffee Soda Float]

材料

冰咖啡120c.c.

玫瑰糖漿30c.c.

氣泡礦泉水100c.c.

香草冰淇淋1球

冰塊適量

1　**2**　**3**　**4**　**5**

做法

1. 取一個約300c.c.的杯子，放入
　　冰塊。

2. 倒入玫瑰糖漿。

3. 倒入氣泡礦泉水。

4. 將冰咖啡慢慢倒入杯中（冰咖啡
　　做法參照p.7）。

5. 放上香草冰淇淋。

成功煮咖啡

1. 如果買不到氣泡礦泉
　水，也可以用蘇打水代
　替，成品口味亦不差。

2. 飲用時要輕輕攪拌，以
　免氣泡溢出。

冰咖啡 薄荷泡泡

[Iced Mint Coffee Soda]

材料

冰咖啡120c.c.

氣泡礦泉水120c.c.

薄荷糖漿30c.c.

冰塊適量、薄荷葉少許

做法

1. 取一個約300c.c.的杯子，放入冰塊。

2. 倒入薄荷糖漿。

3. 倒入氣泡礦泉水。

4. 將冰咖啡慢慢倒入杯中（冰咖啡做法參照p.7）。

5. 將薄荷葉揉一揉後放入杯中。

成功煮咖啡

薄荷葉要選擇新鮮的，使用
前稍微揉一揉，使其自然散
發出獨特的天然香氣，更能
充分與咖啡融合。

咖啡奶昔

巧酥摩卡

[Caffé Mocha Milk Shake]

成功煮咖啡
1. 如果沒有冰砂機,也可用果汁機,但製作好的成品會不如冰沙機打的綿密。
2. 如果沒有咖啡冰砂粉,可用三合一即溶咖啡粉來代替。

材料

義式濃縮咖啡(Espresso)60c.c.

牛奶120c.c.

咖啡冰砂粉50克

香草冰淇淋3球

巧克力餅乾5片

打發鮮奶油適量

巧克力捲適量

做法

1. 取一個約300c.c.的杯子後,先把巧克力餅乾弄碎。

2. 將除了打發鮮奶油、巧克力捲以外的所有材料放入冰砂機中(義式濃縮咖啡做法參照p.15)。

3. 以高速打成綿密狀,即成奶昔。

4. 將打好的奶昔倒入杯中。

5. 將打發鮮奶油擠在咖啡後,放上巧克力捲(打發鮮奶油做法參照p.26)。

香蕉摩卡咖啡冰砂

[Banana Caffé Mocha Frappe]

材料

義式濃縮咖啡（Espresso）60c.c.

牛奶60c.c.

香蕉1根

巧克力醬30c.c.

咖啡冰砂粉25克

冰塊1杯半

可可粉（裝飾用）少許

做法

1. 取一個約300c.c.的杯子。
2. 除了可可粉以外，香蕉切成小段後和其餘材料全部放入冰砂機（義式濃縮咖啡做法參照p.15）。
3. 以高速打成綿密狀。
4. 將打好的冰砂倒入杯中。
5. 撒上少許可可粉。

成功煮咖啡

1. 如果沒有咖啡冰砂粉，可用三合一即溶咖啡粉來代替。
2. 香蕉要先切成小段或小塊，才能與其他材料一同放入冰砂機中攪打，若切太大塊，冰砂機的刀子容易卡住，也不容易打成綿密狀，影響口感。

冰咖啡
義式

[Iced Espresso]

材料

義式濃縮咖啡（Espresso）60c.c.

冰塊適量

糖漿適量

檸檬角1個

做法

1. 取一個約120c.c的杯子，將冰塊放入杯中。

2. 將義式濃縮咖啡倒入杯內（義式濃縮咖啡做法參照p.15）。

3. 加入糖漿。

4. 擠入少許檸檬汁。

成功煮咖啡

1. 可先喝喝看原味，再酌量加入糖漿，嘗幾口後，最後再擠入檸檬汁，體會三種不同的滋味。

2. 建議使用新鮮的檸檬角，其產生的香氣比市售的豐富許多。

冰淇淋歐蕾咖啡

[Iced Cream Caffé au lait]

材料

冰咖啡

（建議使用法式烘焙咖啡豆）120c.c.

牛奶120c.c.

糖漿30c.c.

香草冰淇淋1球

冰塊適量

成功煮咖啡

香草冰淇淋也可用自
己喜歡的其他口味，
像草莓、藍莓或其他
水果口味的代替。

咖啡
step
by
step

做法

1. 取一個約300c.c.的杯子，放入冰塊。

2. 將牛奶和糖漿倒入杯內，並攪拌均勻。

3. 取一支吧叉匙或長柄的湯匙，將冰咖啡沿著吧叉匙緩緩流入杯
中做出漸層（冰咖啡做法參照p.7）。

4. 放上香草冰淇淋。。

冰拿鐵咖啡

[Iced Caffé Latte]

材料

義式濃縮咖啡（Espresso）60c.c.

牛奶180c.c.

糖漿30c.c.

牛奶（奶泡用）適量

冰塊適量

做法

1. 取一個約300c.c.的杯子，放入冰塊。

2. 將奶泡用的牛奶放入奶泡壺打出奶泡後，將蓋子拿起，靜置一會兒使奶泡固定（奶泡做法參照p.24～25）。

3. 將牛奶和糖漿倒入杯中並攪拌均勻。

4. 取一支吧叉匙或長柄的湯匙，將義式濃縮咖啡沿著吧叉匙緩緩流入杯中做出漸層（義式濃縮咖啡做法參照p.15）。

5. 刮除奶泡上層的粗奶泡，將細緻的奶泡舖入杯中。

冰摩卡咖啡

[Iced Caffè Mocha]

材料

義式濃縮咖啡60c.c.（Espresso）

牛奶180c.c.

巧克力醬30c.c.

牛奶（奶泡用）適量

冰塊適量

做法

1. 取一個約300c.c.的杯子，放入巧克力醬和少許牛奶並攪拌均勻。

2. 將奶泡用的牛奶放入奶泡壺打出奶泡後，將蓋子拿起，靜置一會兒
   使奶泡固定（奶泡做法參照p.24～25）。

3. 將冰塊和牛奶倒入杯中並攪拌均勻。

4. 取一支吧叉匙或長柄的湯匙，將義式濃縮咖啡（Espresso）沿著吧
   叉匙緩緩流入杯中做出漸層（義式濃縮咖啡做法參照p.15）。

5. 刮除奶泡上層的粗奶泡，將細緻的奶泡舖入杯中。

成功煮咖啡

1. 若巧克力醬和冰牛奶不
   易攪開時，可先把少許
   牛奶加熱到微溫，加入
   巧克力醬後會比較容易
   攪勻。

2. 欲將冰咖啡沿著吧叉匙
   流入咖啡杯時，動作要
   輕緩，千萬不可將冰咖
   啡一次大量倒入，才能
   做出漂亮的漸層色。

瑞士咖啡奶昔

[Swiss Coffé Milk Shake]

材料

義式濃縮咖啡（Espresso）60c.c.

牛奶120c.c.

咖啡冰砂粉50克

瑞士巧克力冰淇淋3球

打發鮮奶油適量

巧克力碎片適量

成功煮咖啡

如果沒有冰砂機，一般家中都有的果汁機也可以使用，但打好的成品會不如用冰沙機打得綿密。

做法

1.取一個約300c.c.的杯子。

2.除了打發鮮奶油及巧克力碎片外，將所有材料放入冰砂機中（義式濃縮咖啡做法參照p.15）。

3.以高速打成綿密狀，即成奶昔。

4.將打好的奶昔倒入杯中。

5.將打發鮮奶油擠在咖啡後，撒上巧克力碎片（打發鮮奶油做法參照p.26）。

B-52Light

材料

冰咖啡（建議使用深焙咖啡豆）60c.c.

貝禮詩奶酒15c.c.

伏特加15c.c.

糖漿15c.c.

冰塊適量

做法

1. 取一個約150c.c.的杯子，放入冰塊。

2. 放入貝禮詩奶酒。

3. 將冰咖啡、糖漿混勻後，取一支吧叉匙，將冰咖啡沿著吧叉匙流入杯中（冰咖啡做法參照p.7）。

4. 同樣將伏特加沿著吧叉匙流入杯中，做出三層漸層。

成功煮咖啡

喝的時候再攪拌，因為貝禮詩奶酒有甜度，所以不用再放糖，若還是覺得苦，再酌量加入糖漿即可。

咖啡冰砂

[Coffee Frappe]

材料

義式濃縮咖啡（Espresso）60c.c.

牛奶60c.c.

糖漿30c.c.

咖啡冰砂粉50克

冰塊1杯半、

可可粉（裝飾用）少許

做法

1. 取一個約300c.c.的杯子，除了可可粉以外的全部其餘材料，放入冰砂機（義式濃縮咖啡做法參照p.15）。

2. 以高速打成綿密狀。

3. 將打好的冰砂倒入杯中。

4. 撒上少許可可粉。

成功煮咖啡
製作完成的冰砂要馬上喝完，否則融化後味道會變淡，影響口感。

摩卡咖啡冰砂

[Caffé Mocha Frappe]

材料

義式濃縮咖啡（Espresso）60c.c.

牛奶60c.c.

巧克力醬30c.c.

咖啡冰砂粉50克

冰塊1杯半、

可可粉（裝飾用）少許

做法

1. 取一個約300c.c.的杯子。

2. 除了可可粉以外，將其餘材料全部放入冰砂機（義式濃縮咖啡做法參照p.15）。

3. 以高速打成綿密狀。

4. 將打好的冰砂倒入杯中。

5. 撒上少許可可粉。

成功煮咖啡

罐裝或瓶裝可可粉在使用完後一定要關緊蓋子，才可以防止可可粉受潮。另外，可買小包分裝的可可粉，一次約使用一包份量，比較有利於剩餘可可粉的保存。

冰蜂蜜咖啡

[Iced Honey Coffee]

材料

冰咖啡（建議使用深焙咖啡豆）200c.c.

蜂蜜30c.c.

冰塊適量

打發鮮奶油適量

做法

1. 取一個約300c.c.的杯子，放入冰塊。

2. 將冰咖啡、蜂蜜和冰塊放入雪克杯內搖晃均勻（冰咖啡做法參照p.7）。

3. 打開雪克杯上蓋將咖啡倒入杯中，雪克杯內的冰塊不必倒出。

4. 將打發鮮奶油擠在咖啡上（打發鮮奶油做法參照p.26）。

成功煮咖啡

蜂蜜可先和水以1：1的比例稀釋，才不會產生搖不均勻的情形。

冰咖啡
冰椰香

[Iced Coconut Coffee]

材料

冰咖啡（建議使用法式深焙咖啡豆）120c.c.

咖啡香甜酒30c.c.

椰子香甜酒30c.c.

糖漿20c.c.

打發鮮奶油適量

椰子粉（裝飾用）適量

做法

1. 取一個約250c.c.的杯子，放入冰塊。

2. 倒入冰咖啡（冰咖啡做法參照p.7）。

3. 將咖啡香甜酒、椰子香甜酒和糖漿加入杯中並攪拌均勻。

4. 將打發鮮奶油擠在咖啡上，撒上椰子粉。

成功煮咖啡

1. 椰子粉就是一般做點心時使用的，可在烘焙材料行買到。

2. 若不想酒味太重，可將椰子香甜酒換成椰子糖漿，椰子糖漿可在咖啡用品專賣店購買，椰子香甜酒則可在洋酒專賣店購買。

玫瑰拿鐵

[Iced Rose Caffè Latte]

材料

牛奶 200c.c.

玫瑰糖漿 20c.c.

義式濃縮咖啡（Espresso）50c.c.

冰塊 3 ～ 4 個

冰奶泡適量

玫瑰花瓣少許

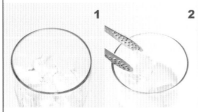

1　**2**　**3**　**4**　**5**

做法

1. 取一個約 330c.c. 的杯子，放入冰塊冰杯，再倒掉冰塊。

2. 將牛奶、玫瑰糖漿倒入杯中拌勻，放入冰塊。

3. 慢慢倒入義式濃縮咖啡（義式濃縮咖啡做法參照 p.15）。

4. 刮除冰奶泡上層的粗奶泡，將細緻的冰奶泡鋪入杯中。

5. 放上玫瑰花瓣。

成功煮咖啡

玫瑰糖漿 DIY：只取 30g. 乾燥玫瑰花花瓣部分，先用溫水沖洗，再加 500g. 細砂糖、500c.c. 水煮，煮滾後轉小火再煮 10 分鐘，關火。放涼後，濾除花瓣裝瓶冷藏。

鳳梨泡泡 冰咖啡

[Iced Pineapple Coffee]

材料

新鮮鳳梨 80g.

黑糖粉 1 大匙

冰水 100c.c.

義式濃縮咖啡（Espresso）50c.c.

糖水 15c.c.

冰塊適量

做法

1. 取一個 330c.c. 左右的杯子，放入冰塊冰杯，再倒掉冰塊。

2. 鳳梨、黑糖粉及冰水放入果汁機中打勻，倒入杯中。

3. 義式濃縮咖啡、糖水及冰塊放入雪克杯，搖勻後倒入鳳梨汁裡（義式濃縮咖啡做法參照 p.15）。

4. 飲用時再攪拌。

成功煮咖啡

1. 鳳梨打成汁後不將果肉濾除，飲用時會有啤酒泡沫的口感。

   糖水 DIY：將砂糖：水以 1：1 的

2. 比例煮滾後，轉小火再煮 5 分鐘關火，冷卻後冷藏保存。

絕配 妙甜點
Cake & Cookies

桌上出現一杯濃濃咖啡時，
怎麼能少了好吃的餅乾和甜點！
無論少女們閒談心事，或貴婦們話家常，
咖啡＋甜點是最佳的選擇。

布丁綠茶紅豆

[Green Tea & Red Bean Pudding]

材料

綠茶粉10克

鮮奶600c.c.

水200c.c.

細砂糖60克

吉利丁片6片

熟紅豆粒適量

做法

1. 吉利丁片放入冰水裡泡軟。

2. 將吉利丁片的水份擠乾。

3. 將泡軟的吉利丁片和水放入鍋內，以小火煮至吉利丁片完全溶化。

4. 將綠茶粉、鮮奶和細砂糖放入果汁機，打到細砂糖溶化。

5. 將做法3.和4.混合，即成布丁液。

6. 先將紅豆粒放入待會要分裝用的容器裡。取一個濾網，將布丁液倒入，放入冰箱冷藏至凝固。

成功做點心

1. 布丁液要先過濾才能放入冰箱，可以避免有未完全溶化的吉利丁混在裡面，影響了口感。

2. 除了分裝以外，也可以將布丁液倒入一個大容器中，再送入冰箱冰，方便大家一起品嘗。

咖啡
step
by
step

奶酪

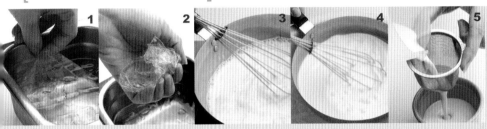

材料

鮮奶200c.c.

吉利丁片4片

細砂糖50克

鮮奶油400c.c.

君度橙酒10c.c.

做法

1. 吉利丁片放入冰水裡泡軟。

2. 將吉利丁片的水份擠乾。

3. 將牛奶、細砂糖和泡軟的吉利丁片放入鍋內,以小火邊煮邊攪拌至溶化。

4. 將做法**3.** 倒入乾淨的盆子,加入鮮奶油、君度橙酒,隔冰水攪拌至呈濃稠狀,即成奶酪液。

5. 將奶酪液分裝至數個小容器內,放入冰箱冷藏1小時以上。

[Grapefruit Jelly]

葡萄柚果凍

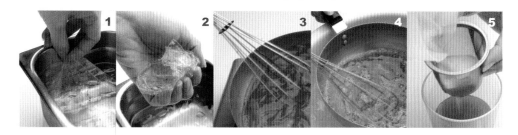

材料

葡萄柚汁300c.c.

細砂糖25克

吉利丁片3片

做法

1. 吉利丁片放入冰水裡泡軟。

2. 將吉利丁片的水份擠乾。

3. 將葡萄柚汁、細砂糖和泡軟的吉利丁片放入鍋內,以小火邊
   煮邊攪拌至細砂糖、吉利丁片溶化即可關火,即成果凍液。

4. 將做果凍液隔冰水降溫,並攪拌至濃稠狀。

5. 將果凍液分裝至數個小容器內,放入冰箱冷藏至凝固。

[Honey Pan Cake]

蜂蜜鬆餅

材料

市售鬆餅粉200克

冷水150c.c.

無鹽奶油少許

蜂蜜適量

果醬適量

做法

1. 將鬆餅粉和冷水攪拌均勻，即成鬆餅麵糊。

2. 平底鍋燒熱，放入少許奶油，利用鍋子的熱度來融化奶油。

3. 將調好的鬆餅麵糊對著平底鍋的中心倒入，使麵糊慢慢向外擴散。

4. 當餅皮表面的小氣泡不再冒出後即可翻面，這時餅皮的上面應呈金黃色。

5. 餅皮繼續再煎約1分鐘。

6. 餅皮兩面都呈金黃色即可起鍋，食用時再淋上蜂蜜或果醬。

咖啡
step
by
step

手工巧克力磚

[Home Made Chocolate]

材料

牛奶巧克力400克

動物性鮮奶油200克

蘭姆酒50c.c.

可可粉適量

做法

1. 牛奶巧克力切成小碎片，盡量切細一點會比較容易溶解。

2. 鮮奶油放入鍋內開火加熱至沸騰後熄火，馬上將切碎的牛奶巧克力加入，一邊用木匙輕輕攪拌，一邊用餘溫來溶解巧克力。

3. 待巧克力溶解後，加入蘭姆酒並攪拌均勻。

4. 稍微降溫後，倒入套有耐熱塑膠袋的盤子裡，表面弄平後放入冰箱冷卻凝固。

5. 將凝固的巧克力由盤子取出，切成2公分的方塊，表面均勻裹上可可粉即可食用。

成功做點心

1. 攪拌巧克力時力道要輕，以免將空氣拌入使巧克力失去光澤。

2. 切巧克力時所用的刀，可先浸泡熱水溫熱後，擦乾水分來切就能切的很平整漂亮。此外，做好的巧克力磚若在室溫放太久會軟掉，可可粉也會濕掉，因此需冷藏保存並盡快吃完。

白酒漬蘋果

[White Wine Apple]

材料

蘋果1個

糖漿：

白酒50c.c.

水50c.c.

細砂糖25克

檸檬汁5c.c.

肉桂棒1根

做法

1. 蘋果去皮、核後，切成4等分，將皮留下。

2. 將蘋果、果皮及糖漿放入鍋內，開火煮。

3. 待煮沸後轉小火，繼續煮15～20分鐘，讓蘋果果肉均勻染上果皮的顏色。

   取出果肉，冷卻後放入冰箱冷藏，食用時可加上喜愛的冰淇淋。

> **成功做點心**
> 要將果肉染上果皮的
> 顏色需要一些時間，
> 請耐心等待。

法式吐司

[French Toast]

材料

法國麵包1個

雞蛋1個

細砂糖20克

鮮奶100c.c.

無鹽奶油適量

蜂蜜適量

做法

1. 將法國麵包斜切成約2公分厚的片狀。

2. 將雞蛋、細砂糖和鮮奶攪拌均勻。

3. 將麵包片放入做法 **2.** 中，浸泡到完全濕軟。

4. 平底鍋燒熱，放入無鹽奶油，待奶油融化後，放入濕軟的麵包片煎。

5. 待麵包片的周圍呈焦黃色時翻面，至另一面的周圍也呈焦黃色時即可起鍋。

6. 食用時，淋上蜂蜜。

成功做點心

1. 煎麵包時火不要太大，以免外層呈焦黃色時，裡面還未熟透。

2. 除了麵包片以外，也可用白吐司，但浸泡蛋液的時間要縮短，以免成品太濕軟。

藍莓起司蛋糕

[Blueberry Cheese Cake]

材料

奶油起司600克

砂糖110克

香草精1小匙

蛋1個

原味優格80克

藍莓餡150克

藍莓餡（表面裝飾用）適量

餅乾底：

消化餅乾250克

無鹽奶油60克

砂糖30克

做法

1. 將消化餅乾壓碎。

2. 將無鹽奶油放入鋼盆加熱至融化，放入壓碎的消化餅乾、砂糖拌匀，然後壓入8吋模型底部，即成餅乾底。

3. 將奶油起司和砂糖攪拌均匀。

4. 一邊慢慢加入蛋一邊攪拌均匀。

5. 加入優格和香草精拌匀。

6. 加入150克的藍莓餡輕拌幾下，不必全部拌匀，倒入8吋的模型中並把表面弄平。

7. 烤箱先預熱10分鐘，再以上下火150℃約烤1小時。

8. 烤好後取出放涼，表面鋪上裝飾用的藍莓餡，冷藏後即可食用。

成功做點心

1. 奶油起司可先切小塊並放在室溫軟化後，會比較容易和其他材料拌匀。

2. 消化餅乾也可用奇福餅乾代替，價格較便宜味道也不錯。

咖啡
step
by
step

燕麥葡萄乾餅乾

[Oat and Raisins Cookies]

材料

無鹽奶油120克

黃糖90克

香草精1小匙

低筋麵粉200克

燕麥200克

葡萄乾100克

做法

1. 將軟化後的無鹽奶油放入鋼盆，續入黃糖打發，再加入香草精打至乳霜狀。

2. 加入過了篩的低筋麵粉、燕麥和葡萄乾，用木匙攪拌成麵糰，壓成1.5公分厚，放入冰箱冷凍約20分鐘。

3. 取出麵糰後壓成圓形，排列在烤盤上。

4. 烤箱先預熱，放入生麵糰，以上下火160℃烤20～25分鐘，當餅乾表面變黃時，先關掉烤箱的電源，再讓餅乾燜約3～5分鐘即可。

成功做點心

1. 將麵糰冷凍後會比較容易成形。

2. 最後一個燜的步驟，是為了能讓餅乾更酥脆。

巧克力豆

餅乾

成功做點心
1. 在室溫下軟化後的無鹽奶油會比較容易和沙拉油混合。
2. 黃糖能讓成品更香、顏色較深,當然也可以將白砂糖全部改成黃糖。

[Chocolate Bean Cookies]

材料

低筋麵粉130克

小蘇打粉約1克

無鹽奶油50克

沙拉油35c.c.

黃糖40克

白砂糖30克

蛋1個

巧克力豆120克

做法

1. 先將無鹽奶油放在室溫下使其軟化。將無鹽奶油和沙拉油倒入鋼盆混合成泥狀,續入黃糖、白砂糖打至整體呈乳霜狀。

2. 將蛋打散後分次加入攪拌。

3. 加入過了篩的低筋麵粉攪拌均勻,最後加入巧克力豆稍微拌一下,即成麵糰,然後放入冰箱中冷凍約20分鐘。

4. 將麵糰分成約10克的小糰,在手心搓圓後再壓扁,排列在烤盤上。

5. 烤箱先預熱,放入生麵糰,以上下火180℃烤12～15分鐘,取出待冷卻後即可食用。

認識咖啡杯

從容量來看，咖啡杯約可分為60～80c.c.的義式濃縮咖啡杯、120～140c.c.、
160 ～180c.c.，以及250～300c.c.沒有底盤的馬克杯，其中最常用的是120
～140c.c.的咖啡杯。此外，咖啡杯還有不同的形狀，最常見的是「杯口較
杯底寬」及「杯口與杯底同寬」兩種，你可依自己的偏好選擇咖啡杯，不
妨多嘗試，不過還有一點要注意，就是要選擇保溫效果佳、拿起來又不燙
手的咖啡杯，才能安心享用咖啡。

無底盤馬克杯
250～300c.c.

義式濃縮咖啡杯
60～80c.c.

杯口較杯底寬
120～140c.c.

杯口較杯底寬
120～140c.c.

杯口較杯底寬
120～140c.c.

杯口較杯底寬
160～180c.c.

杯口較杯底寬
160～180c.c.

杯口與杯底同寬
160～180c.c.

咖啡杯與味覺的神秘關係

不同形狀的咖啡杯會使咖啡產生不同的感受，你不知道吧？
其實這和舌頭的味覺區有關。舌頭的前端是甜味和辣味的感
受區，後段是苦味的感受區，中間兩側則是酸味的感受區。
當使用杯口較杯底寬的杯子喝咖啡時，咖啡入口後會在口腔
內擴散開來，所以兩側就會感受出酸味，而使用杯口與杯底
同寬的杯子，咖啡入口後會直接流入舌頭後段，所以會先感
受到苦味。

咖啡豆、器具哪裡買？

看完整本書後，你是不是想自己來操作一下，自製美味咖啡呢？先來點簡單的，你必須準備好適用的咖啡沖煮器具及咖啡豆，除了在大賣場可以買到較便宜的咖啡豆和粉，在 貨公司專櫃可以買得到機器，還有以下這些店也都能買到咖啡豆，以及從簡到複雜、五花八門的器具，買之前，不妨先上網看或到店向老闆或店員打聽一下，才能買到適合的東西。

全國統一星巴克	http://www.starbucks.com.tw
全國 IS COFFEE 伊是咖啡	http://www.iscoffee.com.tw/iscoffee/
全國西雅圖極品咖啡	http://www.barista.com.tw/
全國丹堤咖啡	http://www.dante.com.tw/index.htm
全國真鍋咖啡館	http://www.cafe2000.com.tw/
全國伯朗咖啡館	http://www.kingcar.com.tw/company05.htm
全國怡客咖啡	http://www.ikari.com.tw/
全國客喜康咖啡	http://www.kohikan.com/kohikan/index_kohikan.htm

老樹咖啡	台北市新生南路一段 60 號	(02) 2351-6463
蜂大咖啡	台北市成都路 42 號	(02) 2371-9577
南美咖啡	台北市成都路 44 號	(02) 2331-3689
瑪丁妮芝咖啡	台北市新生南路一段 149-11 號	(02) 2755-4222
老爸咖啡	台北市忠孝東路一段 11-1 號	(02) 2391-3575
金成蜜蜂咖啡	台北市復興南路一段 85-87 號	(02) 2773-2072
普羅咖啡	台北市仁愛路四段 345 巷 15 弄 4 號	(02) 2731-1232
La Crema	台北市光復南路 280 巷 45 號	(02) 2731-3264
Ole Café	台北市南 東路五段 123 巷 1 弄 15 號	(02) 2769-5451
Café Ballet	台北市三民路 107 巷 33 號	(02) 2763-1981
立裴米緹咖啡	台北市雲和街 51 號	(02) 2368-9489
CIA 發燒咖啡館	台北市延吉街 228 巷 3 號 1 樓	(02) 2702-4538
波西米亞人	台北市長安西路 76 號 B1	(02) 2550-0421
Jan's E61	台北縣永和市安樂路 200 號	(02) 2926-3870
易特咖啡	台北縣新莊市幸福路 796 號	(02) 2990-7355
嗎咖館冬山店	宜蘭縣冬山鄉太和村楓橋路 41 巷 7 號	(03) 959-5470
嗎咖館羅東店	宜蘭縣羅東鎮公正路 346 號	(03) 957-5957
力普餐具王國	宜蘭縣羅東鎮南宜二路 20 號	(03) 953-0445
平和專業咖啡	桃園縣桃園市中正路 880 號	(03) 357-3266
新鮮烘焙屋	桃園縣桃園市大興西路二段 322 號	(03) 341-2105
品馥咖啡	新竹市城北街 142-1 號	(03) 542-1168
品皇咖啡	新竹市民富街 180 號	(03) 341-2105
品皇咖啡 食品原料行	苗栗縣竹南鎮龍天路 37 號	(037) 476-368
歐舍咖啡	台中市西區五權路 2-20 號	
品皇咖啡	台中市公益路二段 228 號	(04) 2252-5888
紅豆咖啡	台中縣大里市爽文路 1046 號	(04) 2406-7529
歐透現烘焙咖啡	台南市裕平路 358 號	(06) 331-3276
宇宙咖啡公司	高雄市復興一路 105 號	(07) 236-5607
都提咖啡	高雄市吉林街 86 號	(07) 323-3988
歐透現烘焙咖啡	屏東市公勇路 89-3 號	0926-204-929

COOK50133

咖啡新手
的第一本書
從 8 歲～ 88 歲看圖就會煮咖啡

拉花&花式咖啡
升級版

作者 許逸淳
攝影 徐博宇、林宗億
美術設計 美亞力、黃祺芸
編輯 彭文怡
行銷 林孟琦
企畫統籌 李橘
總編輯 莫少閒
出版者 朱雀文化事業有限公司
地址 台北市基隆路二段 13-1 號 3 樓
電話 02-2345-3868
傳真 02-2345-3828
劃撥帳號 19234566 朱雀文化事業有限公司
e-mail redbook@ms26.hinet.net
網址 http://redbook.com.tw
總經銷 大和書報圖書股份有限公司 (02)8990-2588
ISBN 978-986-6029-47-9
增訂初版一刷 2013.09
增訂初版二刷 2014.12
定價 250 元
初版登記 北市業字第 1403 號

國家圖書館出版品預行編目資料

咖啡新手的第一本書 拉花&花式
咖啡升級版
　── 從 8 ～ 88 歲，看圖就會煮咖啡
許逸淳著 .一增訂初版一台北市：
朱雀文化，2013【民 102】
128 面；公分，一（Cook50；133）
ISBN 978-986-6029-47-9（平裝）
1. 咖啡
427.42

About 買書：
●朱雀文化圖書在北中南各書店及誠品、金石堂、何嘉仁等連鎖書店均有販售，如欲購買本公司圖書，建議你直接詢問書店店員。
●●至朱雀文化網站購書（http://redbook.com.tw），可享 85 折起優惠。
●●●至郵局劃撥（戶名：朱雀文化事業有限公司，帳號 19234566），掛號寄書不加郵資，4 本以下無折扣，5 ～ 9 本 95 折，10 本以上 9 折優惠。

Coffee And Latte Art Basics
All You Need To Know

Coffee And Latte Art Basics
All You Need To Know